高等数学
同步训练
（第2版）

下

主编 顾 剑

副主编 万 莹　高 辉　赵围围

清华大学出版社
北京

内 容 简 介

本书共5章,内容包括空间解析几何与向量代数、多元函数微分法及其应用、重积分、曲线积分与曲面积分、无穷级数等与教学内容配套的习题及其详细的解答,每章分为小节习题和总习题两部分.随后安排三套难度适中的模拟题,并配有详细的答案及参考解答,可以作为同学们复习、模拟测验的一手资料.在最后,为学有余力的同学设计了一套能力提升题,并给出答案及参考解答.

本书既可作为普通高等学校理工类、经管类、农科类本科生的参考资料,也可作为研究生入学考试的研习资料.

版权所有,侵权必究.举报: 010-62782989, beiqinquan@tup.tsinghua.edu.cn.

图书在版编目(CIP)数据

高等数学同步训练.下/顾剑主编.—2版.—北京:清华大学出版社,2023.1
ISBN 978-7-302-62335-9

Ⅰ.①高… Ⅱ.①顾… Ⅲ.①高等数学-高等学校-习题集 Ⅳ.①O13-44

中国国家版本馆 CIP 数据核字(2023)第 006725 号

责任编辑:刘　颖
封面设计:傅瑞学
责任校对:王淑云
责任印制:朱雨萌

出版发行:清华大学出版社
　　网　　址: http://www.tup.com.cn, http://www.wqbook.com
　　地　　址: 北京清华大学学研大厦 A 座　　邮　编: 100084
　　社 总 机: 010-83470000　　邮　购: 010-62786544
　　投稿与读者服务: 010-62776969, c-service@tup.tsinghua.edu.cn
　　质量反馈: 010-62772015, zhiliang@tup.tsinghua.edu.cn
印 装 者:北京鑫海金澳胶印有限公司
经　　销:全国新华书店
开　　本:185mm×260mm　　印　张:10.5　　字　数:252 千字
版　　次:2016 年 3 月第 1 版　　2023 年 1 月第 2 版　　印　次:2023 年 1 月第 1 次印刷
定　　价:29.80 元

产品编号:096478-01

前言

　　高等数学课程是理工类、经管类、农科类相关专业本科生必修的一门非常重要的基础理论课.这门课程不仅能培养学生的逻辑思维、创新能力、严谨的治学态度以及用数学解决实际问题的功底,还能为学生后续的专业课程学习奠定扎实的数学基础,对学生今后知识水平的提高和自身发展起到重要的作用.

　　本书旨在通过做题训练来提升学生学习高等数学课程的兴趣,使他们最终较好地掌握高等数学相关知识并取得良好的成绩,同时也希望能辅助地增强任课教师的教学效果.编者团队在深入研究教学大纲的前提下,结合多年的教学实践经验,精心安排了适合一般层次学生掌握的练习题,逐题详细认真地给出了解答过程,最终收集整理成书.

　　本书在编写过程中,参阅了大量公开出版的高等数学教材与辅导材料,在此对前人的辛勤工作表示衷心的感谢,并对清华大学出版社为本书的顺利出版所付出的辛勤劳动表示衷心的感谢!

　　限于编者水平,书中难免存在错误和不妥之处,恳请广大读者批评指正.

编　者

2022 年 10 月于大连海洋大学

目 录

第 8 章　空间解析几何与向量代数 ·· 1

第 9 章　多元函数微分法及其应用 ·· 10

第 10 章　重积分 ·· 23

第 11 章　曲线积分与曲面积分 ··· 34

第 12 章　无穷级数 ·· 50

习题答案及参考解答 ··· 64

模拟测试 ··· 114

模拟测试答案及参考解答 ·· 125

能力提升题 ·· 132

能力提升题答案及参考解答 ··· 145

第8章

空间解析几何与向量代数

习题 8-1(1)

1. 设 $u=a-b+2c, v=-a+3b-c$,试用 a,b,c 表示 $2u-3v$.

2. 如果平面上一个四边形的对角线互相平分,试用向量证明它是平行四边形.

习题 8-1(2)

一、填空题

1. 点 (A,B,C) 关于 xOy 坐标面的对称点为_____；
   点 (A,B,C) 关于 yOz 坐标面的对称点为_____；
   点 (A,B,C) 关于 zOx 坐标面的对称点为_____；
   点 (A,B,C) 关于 x 轴的对称点为_____；
   点 (A,B,C) 关于 y 轴的对称点为_____；
   点 (A,B,C) 关于 z 轴的对称点为_____；
   点 (A,B,C) 关于坐标原点的对称点为_____.

2. 点 $M(4,-3,5)$ 到 x 轴的距离为_____；
   点 $M(4,-3,5)$ 到 y 轴的距离为_____；
   点 $M(4,-3,5)$ 到 z 轴的距离为_____.

二、证明题

证明：以三点 $A(4,1,9)$, $B(10,-1,6)$, $C(2,4,3)$ 为顶点的三角形是等腰直角三角形.

习题 8-1(3)

1. 已知两点 $M_1(0,1,2)$，$M_2(1,-1,0)$，试用坐标表示式表示向量 $\overrightarrow{M_1M_2}$ 及 $-2\overrightarrow{M_1M_2}$.

2. 设已知两点 $M_1(4,\sqrt{2},1)$ 和 $M_2(3,0,2)$，计算向量 $\overrightarrow{M_1M_2}$ 的模、方向余弦和方向角.

3. 设 $m=3i+5j+8k$，$n=2i-4j-7k$ 和 $p=5i+j-4k$，求向量 $a=4m+3n-p$ 在 x 轴上的投影及在 y 轴上的分向量.

4. 求平行于向量 $a=(6,7,-6)$ 的单位向量.

习题 8-2

一、解答题

1. 设 $a=(3,-2,1)$，$b=(p,-4,-5)$，已知 $a\perp b$，求 $a\times b$.

2. 已知 $|a|=10$，$|b|=2$，且 $a\cdot b=12$，求 $|a\times b|$.

3. 已知 $|a|=5$，$|b|=2$，$(a,b)=\dfrac{\pi}{3}$，求 $|2a-3b|$.

4. 求向量 $a=(4,-3,4)$ 在向量 $b=(2,2,1)$ 上的投影.

二、选择题
1. 设 a 与 b 是非零向量,且 $a \times b = 0$,则( ).
   A. $a // b$ B. $a \perp b$
   C. $a = b$ D. 这是 $a // b$ 的必要但不充分条件
2. 非零空间向量 a,b,满足 $a \cdot b = 0$,则( ).
   A. $a // b$ B. $a = \lambda b$(λ 为非零常数)
   C. $a \perp b$ D. $a + b = 0$

三、计算题
1. 设质量为 100kg 的物体,从点 $M_1(3,1,8)$ 沿直线移动到点 $M_2(1,4,2)$,利用向量的数量积计算重力所做的功(长度单位为 m,重力方向为 z 轴的负方向).

2. 设 $2a+5b$ 与 $a-b$ 垂直,$2a+3b$ 与 $a-5b$ 垂直,且 $|a| \neq 0$,$|b| \neq 0$,求 a 与 b 的夹角.

习题 8-3(1)

一、建立下列方程或曲面
1. 与两定点 $(2,3,1)$ 和 $(4,5,6)$ 等距的一动点的轨迹方程.

2. 以点 $(1,3,-2)$ 为球心,且通过坐标原点的球面方程.

3. 方程 $x^2+y^2+z^2-2x+4y+2z=0$ 表示的曲面是_____.

4. xOz 坐标面上的圆 $x^2+z^2=9$ 绕 z 轴旋转一周,生成的旋转曲面方程为_____.

5. xOy 坐标面上的双曲线 $4x^2-9y^2=36$ 分别绕 x 轴及 y 轴旋转一周生成的旋转曲面方程为_____和_____.

二、解下列各题

1. 指出下列方程在平面解析几何中和在空间解析几何中分别表示什么图形.

(1) $x=2$；

(2) $x^2-y^2=1$.

2. 说明下列旋转曲面是怎样生成的.

(1) $\dfrac{x^2}{4}+\dfrac{y^2}{9}+\dfrac{z^2}{9}=1$；

(2) $(z-a)^2=x^2+y^2$.

习题 8-3(2)

一、填空题

1. $\begin{cases} x^2+y^2+z^2=25, \\ x=3 \end{cases}$ 表示的曲线是_____.

2. $\begin{cases} x^2+4y^2+9z^2=36, \\ y=1 \end{cases}$ 表示的曲线是_____.

3. $\begin{cases} x^2-4y^2+z^2=25, \\ x=-3 \end{cases}$ 表示的曲线是_____.

4. $\begin{cases} y^2+z^2-4x+8=0, \\ y=4 \end{cases}$ 表示的曲线是_____.

5. $\begin{cases} \dfrac{y^2}{9}-\dfrac{z^2}{4}=1, \\ x-2=0 \end{cases}$ 表示的曲线是_____.

二、选择题

1. 母线平行于 x 轴且通过曲线 $\begin{cases} 2x^2+y^2+z^2=16 \\ x^2-y^2+z^2=0 \end{cases}$ 的柱面方程是(　　).

  A. $3x^2+2z^2=16$ B. $3y^2-z^2=16$ C. $x^2-2y^2=16$ D. $3y^2-z=16$

2. 方程 $y^2+z^2-4x+8=0$ 表示(　　).

  A. 单叶双曲面   B. 双叶双曲面   C. 锥面   D. 旋转抛物面

3. xOy 面上曲线 $4x^2-9y^2=36$ 绕 x 轴旋转一周所得曲面方程为(　　).

  A. $4(x^2+z^2)-9y^2=36$ B. $4(x^2+z^2)-9(y^2+z^2)=36$

  C. $4x^2-9(y^2+z^2)=36$ D. $4x^2-9y^2=36$

4. 方程 $x^2-\dfrac{y^2}{4}+z^2=1$ 表示(　　).

  A. 旋转的单叶双曲面   B. 锥面

  C. 旋转的双叶双曲面   D. 双曲柱面

5. 球面 $x^2+y^2+z^2=R^2$ 与平面 $x+z=a$ 交线在 xOy 平面上的投影曲线方程是(　　).

  A. $(a-z)^2+y^2+z^2=R^2$ B. $\begin{cases}(a-z)^2+y^2+z^2=R^2 \\ z=0\end{cases}$

  C. $x^2+y^2+(a-x)^2=R^2$ D. $\begin{cases}x^2+y^2+(a-x)^2=R^2 \\ z=0\end{cases}$

6. 方程 $16x^2+4y^2-z^2=64$ 表示(　　).

  A. 锥面   B. 单叶双曲面   C. 双叶双曲面   D. 椭圆抛物面

三、求曲线 $\begin{cases} y^2+z^2-2x=0, \\ z=3 \end{cases}$ 在 xOy 面上的投影曲线方程,并指出原曲线是什么曲线.

习题 8-4

一、填空题

1. 方程组 $\begin{cases} y=5x+1, \\ y=2x-3 \end{cases}$ 在平面解析几何中与在空间解析几何中分别表示_____

及_____.

2. 球面 $x^2+y^2+z^2=9$ 与平面 $x+z=1$ 的交线在 xOy 面上的投影方程为_____.

3. 曲线 $\begin{cases}(x-1)^2+y^2+(z+1)^2=4, \\ z=0\end{cases}$ 的参数方程为 $\begin{cases} x=\text{_____}, \\ y=\text{_____}, \\ z=\text{_____} \end{cases}$ (_____$\leqslant t \leqslant$

_____).

二、解下列各题

1. 求螺旋线 $\begin{cases} x = a\cos\theta, \\ y = a\sin\theta, \\ z = b\theta \end{cases}$ 在三个坐标面上的投影曲线的直角坐标方程.

2. 求上半球体 $0 \leqslant z \leqslant \sqrt{a^2 - x^2 - y^2}$ 与圆柱体 $x^2 + y^2 \leqslant ax\ (a > 0)$ 的公共部分在 xOy 面上的投影.

3. 求旋转抛物面 $z = x^2 + y^2\ (0 \leqslant z \leqslant 4)$ 在三个坐标面上的投影.

习题 8-5

一、解答题

1. 求过点 $(3, 0, -1)$ 且与平面 $3x - 7y + 5z - 12 = 0$ 平行的平面方程.

2. 求过点 $M_0(2, 9, -6)$ 且与连接坐标原点及点 M_0 的线段 OM_0 垂直的平面方程.

3. 求过三点 $A(1, 1, -1)$, $B(-2, -2, 2)$ 和 $C(1, -1, 2)$ 的平面方程.

4. 求过点$(1,0,-1)$且平行于向量$\boldsymbol{a}=(2,1,1),\boldsymbol{b}=(1,-1,0)$的平面方程.

二、选择题

平面$A_1x+B_1y+C_1z+D=0$与$A_2x+B_2y+C_2z+D=0$互相平行的（　　）.

A. 充分条件是$A_1A_2+B_1B_2+C_1C_2=0$

B. 充要条件是$\dfrac{A_1}{A_2}=\dfrac{B_1}{B_2}=\dfrac{C_1}{C_2}$

C. 必要而不充分条件是$A_1A_2+B_1B_2+C_1C_2=0$

三、求解下列各题

1. 分别按下列条件求平面方程：

(1) 平行于xOz面且经过点$(2,-5,3)$；

(2) 通过z轴和点$(-3,1,-2)$；

(3) 平行于x轴且经过两点$(4,0,-2)$和$(5,1,7)$.

2. 求点$(1,2,1)$到平面$x+2y+2z-10=0$的距离.

习题 8-6

一、解答下列各题

1. 求过点$(4,-1,3)$且平行于直线$\dfrac{x-3}{2}=\dfrac{y}{1}=\dfrac{z-1}{5}$的直线方程.

2. 已知直线$x-1=\dfrac{y+2}{2}=\dfrac{z-1}{\lambda}$垂直于平面$3x+6y+3z+25=0$,求$\lambda$.

3. 求过点$M_0(2,4,0)$且与直线$L:\begin{cases}x+2z-1=0,\\ y-3z-2=0\end{cases}$平行的直线方程.

二、选择题

1. 过点$M_1(3,-2,1)$及$M_2(-1,0,2)$的直线方程为( ).

  A. $-4(x-3)+2(y+2)+(z-1)=0$ B. $\dfrac{x-3}{-4}=\dfrac{y+2}{2}=\dfrac{z-1}{1}$

  C. $\dfrac{x+1}{4}=\dfrac{y}{2}=\dfrac{z-2}{-1}$ D. $\dfrac{x+1}{-4}=\dfrac{y}{2}=\dfrac{z-1}{1}$

2. 直线 $L: \dfrac{x-2}{3}=\dfrac{y+2}{1}=\dfrac{z-3}{-4}$ 与平面 $\pi: x+y+z=3$ 的位置关系是( ).

    A. 平行但 L 不在 π 上   B. L 在 π 上

    C. 垂直相交   D. 相交但不垂直

3. 过点 $P(2,0,3)$ 且与直线 $\begin{cases} x-2y+4z-7=0, \\ 3x+5y-2z+1=0 \end{cases}$ 垂直的平面方程是( ).

    A. $(x-2)-2(y-0)+4(z-3)=0$ B. $3(x-2)+5(y-0)-2(z-3)=0$

    C. $-16(x-2)+14(y-0)+11(z-3)=0$

    D. $-16(x+2)+14(y-0)+11(z-3)=0$

4. 设有直线 $L_1: \dfrac{x-1}{1}=\dfrac{y-5}{-2}=\dfrac{z+8}{1}$ 与 $L_2: \begin{cases} x-y=6, \\ 2y+z=3, \end{cases}$ 则 L_1 与 L_2 的夹角为( ).

    A. $\dfrac{\pi}{6}$ B. $\dfrac{\pi}{4}$ C. $\dfrac{\pi}{3}$ D. $\dfrac{\pi}{2}$

三、求解下列各题

1. 求直线 $\begin{cases} 5x-3y+3z-9=0, \\ 3x-2y+z-1=0 \end{cases}$ 与直线 $\begin{cases} 2x+2y-z+23=0, \\ 3x+8y+z-18=0 \end{cases}$ 夹角的余弦.

2. 求点 $(-1,2,0)$ 在平面 $x+2y-z+1=0$ 上的投影.

3. 求点 $P(3,-1,2)$ 到直线 $L: \begin{cases} x+y-z+1=0, \\ 2x-y+z-4=0 \end{cases}$ 的距离.

第9章 多元函数微分法及其应用

习题 9-1

一、填空题

1. 若 $f(tx,ty)=\dfrac{x^2}{y^2}$，则 $f(x,y)=$ _____.

2. 若 $f(x,y,z)=\arcsin\sqrt{x^2+y^2+\ln z}$，则 $f(x-y,x+y,xy)=$ _____.

3. 若 $f\left(x+y,\dfrac{x}{y}\right)=x^2-y^2$，则 $f(x,y)=$ _____.

4. 函数 $z=\ln(y-x^2)+\sqrt{1-x^2-y^2}$ 的定义域是 _____.

5. 函数 $u=\arcsin\dfrac{z}{\sqrt{x^2+y^2}}$ 的定义域是 _____.

二、选择题

1. 下列集合中哪个是无界开区域？（   ）.
   A. $\{(x,y)\mid 1\leqslant x^2+y^2<5\}$ B. $\{(x,y)\mid 0\leqslant x+y\}$
   C. $\{(x,y)\mid x>0\}$ D. $\{(r,\theta)\mid \sin\theta\geqslant 0\}$

2. $z=\dfrac{1}{\ln(x+y)}$ 的定义域是（   ）.
   A. $x+y\neq 0$ B. $x+y>0$
   C. $x+y\neq 1$ D. $x+y>0$ 且 $x+y\neq 1$

3. 设 $f(x)=\dfrac{x}{1-x}$，$f(x)=f(y-z)$，由此式确定 $z=F(x,y)$，则 $F(x,y)=$（   ）.
   A. $y-x$ B. $\dfrac{xy}{(1-x)(1-y)}$ C. $\dfrac{xy}{1-y}$ D. $\dfrac{y}{1-x}$

4. $\lim\limits_{\substack{x\to 0\\ y\to 0}}\dfrac{2-\sqrt{xy+4}}{xy}=$（   ）.
   A. 0 B. $\dfrac{1}{4}$ C. $-\dfrac{1}{4}$ D. 不存在

5. $f(x,y)=\dfrac{y+x^2}{y-x^2}$ 在（   ）处间断，而在其他点连续.
   A. $(0,0)$ B. $y\geqslant x^2$ C. $y=x^2$ D. $y\leqslant x^2$

习题 9-2

一、填空题

1. 若 $f(x,y)$ 在点 $P(x_0, y_0)$ 处的偏导数存在，则 $\lim\limits_{x \to x_0} \dfrac{f(x, y_0) - f(x_0, y_0)}{x - x_0} = $ _____.

2. 曲线 $\begin{cases} z = \dfrac{x^2 + y^2}{4} \\ y = 4 \end{cases}$，在点 $(2, 4, 5)$ 处的切线对于 x 轴的倾角为 _____.

二、选择题

1. 使 $\dfrac{\partial^2 z}{\partial x \partial y} = 2x$ 成立的函数是（ ）.

    A. $z = x^2 y + xy^2$ B. $z = x^2 y + e^x$ C. $z = xy^2$ D. $z = x^2 + y^2$

2. 已知 $f(x+y, x-y) = x^2 - y^2$，则 $\dfrac{\partial f(x,y)}{\partial x} + \dfrac{\partial f(x,y)}{\partial y} = $（ ）.

    A. $2x + 2y$ B. $x - y$ C. $2x - 2y$ D. $x + y$

三、求偏导数

1. $z = \sqrt[3]{\ln(xy)}$.

2. $z = \sin^2(xy) + \arcsin(x+y)$.

3. $u = x^{\frac{y}{z}}$.

4. $u = \arctan[(x-y)^{\ln z}]$.

5. 设 $f(x,y) = x + (y-1)\arcsin\sqrt{\dfrac{x}{y}}$，用两种方法求 $f_x(x,1)$.

6. 设 $z = \sin(x+y)e^{xy}$，求函数 z 在点 $(1,-1)$ 处的偏导数.

7. 求 $z = x^y + \ln(xy)\ (x>0, y>0)$ 在点 $(1,2)$ 处的偏导数.

四、求下列函数的一阶及二阶偏导数

1. $z = \arctan\dfrac{x}{y}$.

2. $z = y^x$.

3. $z = x\ln(xy)$.

习题 9-3

一、填空题

1. $z = xy + \dfrac{y}{x}$,则 $\mathrm{d}z =$ _____.

2. $z = \mathrm{e}^{\frac{x}{y}}$,则 $\mathrm{d}z =$ _____.

3. $u = z^{xy}$,则 $\mathrm{d}u =$ _____.

二、选择题

1. 设函数 $f(x,y)$ 在点 $P(x_0,y_0)$ 处的两个偏导数 f_x 与 f_y 都存在,则( ).
   A. $f(x,y)$ 在点 $P(x_0,y_0)$ 处必连续
   B. $f(x,y)$ 在点 $P(x_0,y_0)$ 处必可微
   C. $\lim\limits_{x \to x_0} f(x,y_0)$ 及 $\lim\limits_{y \to y_0} f(x_0,y)$ 都存在
   D. $\lim\limits_{\substack{x \to x_0 \\ y \to y_0}} f(x,y)$ 存在

2. 二元函数 $z = f(x,y)$ 在点 $P(x_0,y_0)$ 处可微分的充分条件是( ).
   A. $f_x(x_0,y_0)$ 与 $f_y(x_0,y_0)$ 均存在
   B. $f_x(x,y)$ 与 $f_y(x,y)$ 在点 $P(x_0,y_0)$ 的某邻域内均连续
   C. $\Delta z - f_x(x_0,y_0)\Delta x - f_y(x_0,y_0)\Delta y$ 当 $\sqrt{\Delta x^2 + \Delta y^2} \to 0$ 时是无穷小
   D. 以上均不正确

三、求 $z = \ln(1 + x^2 + y^2)$ 当 $x = 1$,$y = 2$ 时的全微分.

习题 9-4

一、填空题

1. 设 $z=u^2+v$，而 $u=x+y$，$v=x-y$，则 $\dfrac{\partial z}{\partial x}=$ _____，$\dfrac{\partial z}{\partial y}=$ _____．

2. 设 $z=e^{x-2y}$，而 $x=\sin t$，$y=t^2$，则 $\dfrac{dz}{dt}=$ _____．

3. 设 $u=\dfrac{e^{ax}(y-z)}{1+a^2}$，而 $y=a\sin x$，$z=\cos x$，则 $\dfrac{du}{dx}=$ _____．

4. 设 $z=\arctan\dfrac{x}{y}$，而 $x=u+v$，$y=u-v$，则 $\dfrac{\partial z}{\partial u}=$ _____，$\dfrac{\partial z}{\partial v}=$ _____．

二、选择题

1. 设 $z=\arcsin(x-y)$，而 $x=2t$，$y=3t^2$，则 $\dfrac{dz}{dt}=$（   ）．

   A. 0

   B. $\dfrac{2(1-3t)}{\sqrt{1-(2t-3t^2)^2}}$

   C. $\dfrac{2(3t-1)}{\sqrt{1-(2t-3t^2)^2}}$

   D. $\dfrac{1-3t}{\sqrt{1-(2t-3t^2)^2}}$

2. 设 $z=xy+xF(u)$，而 $u=\dfrac{y}{x}$，$F(u)$ 为可导函数，则 $\dfrac{\partial z}{\partial x}=$（   ）．

   A. $y-\dfrac{y}{x^2}F(u)$

   B. $y+\dfrac{y}{x^2}F(u)$

   C. $y+F(u)-\dfrac{y}{x}F'(u)$

   D. $y+F(u)+\dfrac{y}{x}F'(u)$

三、求 $z=f(x^2-y^2,e^{xy})$ 的一阶偏导数及 $\dfrac{\partial^2 z}{\partial x\partial y}$，其中 $f(u,v)$ 具有二阶连续偏导数．

四、求 $z=f(x+x^2y^2)$ 的一阶偏导数及 $\dfrac{\partial^2 z}{\partial x^2}$，其中 $f(u)$ 二阶可微.

五、设 $z=uv+\arctan w$，$u=x^2$，$v=e^y$，$w=x+y$，求 dz.

习题 9-5

一、计算题

1. 设 $\sin x+e^x-x^2y=0$，求 $\dfrac{dy}{dx}$.

2. 设 $\dfrac{x}{z}=\ln\dfrac{y}{z}$，$z>0$，$y>0$，求 $\dfrac{\partial z}{\partial x}$，$\dfrac{\partial z}{\partial y}$，$\dfrac{\partial^2 z}{\partial x \partial y}$.

二、设 $2\sin(x+2y-3z)=x+2y-3z$，证明：$\dfrac{\partial z}{\partial x}+\dfrac{\partial z}{\partial y}=1$.

三、设 $z^3-3xyz=a^3$，求 $\dfrac{\partial^2 z}{\partial x\partial y}$.

四、设 $\begin{cases} z=x^2+y^2, \\ x^2+2y^2+3z^2=20, \end{cases}$ 求 $\dfrac{\mathrm{d}y}{\mathrm{d}x},\dfrac{\mathrm{d}z}{\mathrm{d}x}$.

习题 9-6

一、填空题

1. 已知曲面 $z=4-x^2-y^2$ 上点 P 处的切平面平行于平面 $2x+2y+z-1=0$，则点 P 的坐标是_____.

2. 由曲线 $\begin{cases} 3x^2+2y^2=12, \\ z=0 \end{cases}$ 绕 y 轴旋转一周所得的旋转曲面在点 $M(0,\sqrt{3},\sqrt{2})$ 处指向外侧的单位法向量为_____.

二、选择题

1. 曲线 $y=e^x$, $z=x+\cos x$ 在点 $(0,1,1)$ 处的切线方程为( ).

    A. $\dfrac{x}{1}=\dfrac{y-1}{1}=\dfrac{z-1}{2}$ B. $\dfrac{x}{1}=\dfrac{y-1}{1}=\dfrac{z-1}{-1}$

    C. $\dfrac{x}{1}=\dfrac{y-1}{1}=\dfrac{z-1}{1}$ D. $\dfrac{x-1}{1}=\dfrac{y-2}{1}=\dfrac{z-1}{1}$

2. 曲面 $xyz=1$ 上平行于平面 $x+y+z+3=0$ 的切平面方程为( ).

    A. $x+y+z-3=0$ B. $x+y+z+1=0$

    C. $x+y+z-2=0$ D. $x+y+z=0$

三、计算题

1. 求曲线 $\begin{cases} x^2+y^2+z^2-3x=0, \\ 2x-3y+5z-4=0 \end{cases}$ 在点 $(1,1,1)$ 处的切线方程及法平面方程.

2. 求曲面 $z=x^2+y^2-1$ 在点 $(2,1,4)$ 处的切平面方程与法线方程.

四、试证明曲面 $\sqrt{x}+\sqrt{y}+\sqrt{z}=\sqrt{a}$ $(a>0)$ 上任一点处的切平面在各坐标轴截距之和等于 a.

习题 9-7

一、填空题

1. 函数 $u=x^2-y^2$ 在点 $(1,1)$ 处沿与 x 轴正向成角度 $\dfrac{\pi}{3}$ 方向的方向导数 $\left.\dfrac{\partial u}{\partial l}\right|_{(1,1)}=$ _____.

2. 设 f 可微,$r=\sqrt{x^2+y^2+z^2}$,$\boldsymbol{r}=(x,y,z)$,则 $\mathrm{grad}f(r)=$ _____.

二、求函数 $u=xy^2z$ 在点 $(5,1,2)$ 处沿从点 $(5,1,2)$ 到点 $(9,4,14)$ 方向的方向导数.

习题 9-8

一、简答题

1. 函数 $f(x,y)$ 在点 (x_0, y_0) 处取得极值的充分条件是什么?

2. 二元函数的极值是否一定在驻点处取得?

3. 无条件极值问题与条件极值问题有何区别?

二、求函数 $f(x,y) = x^3 - 4x^2 + 2xy - y^2$ 的极值.

三、在所有棱长之和为 $12a$ 的长方体中,求具有最大体积的长方体的棱长.

四、要建造一个容积等于定数 k 的长方体无盖水池,应如何选择水池的尺寸,才可以使其表面积最小.

总习题 9

一、填空题

1. $z=f(x+y,xy)=\dfrac{xy}{x^2+y^2}$,则 $f(x,y)=$ _____.

2. $z=\dfrac{1}{\varphi(x^2+y^2)}$,$\varphi(u)$ 可微,则 $\dfrac{\partial z}{\partial x}=$ _____.

3. $z=\sqrt{1-x^2}+\sqrt{y^2-1}$ 的定义域为 _____.

4. 设 $z=\ln(x^2+y^2)$,则 $\mathrm{d}z|_{x=1,y=1}=$ _____.

5. 曲面 $z=\arctan\dfrac{y}{x}$ 在点 $M\left(1,1,\dfrac{\pi}{4}\right)$ 处的切平面方程为 _____.

二、选择题

1. 函数 $z=x^3+y^3-3xy$ 的驻点为( ).
   A. (0,0) 和 (-1,0) B. (0,0) 和 (1,1)
   C. (0,0) 和 (2,2)   D. (0,1) 和 (1,1)

2. 函数 $z=x^2-y^2+1$ 的极值点为( ).
   A. (0,0)   B. (0,1)   C. (1,0)   D. 不存在

3. 设函数 f 具有二阶连续偏导数,$z=f\left(\dfrac{y}{x}\right)$,则 $\dfrac{\partial^2 z}{\partial x \partial y}=$ ( ).
   A. $-\dfrac{y}{x^2}f''$
   B. $-\dfrac{1}{x^2}f''$
   C. $-\dfrac{1}{x^2}\left(\dfrac{y}{x}f''+f'\right)$
   D. $-\dfrac{y}{x}f''+f'$

4. $f_x(x_0,y_0)$,$f_y(x_0,y_0)$ 存在是 $f(x,y)$ 在点 (x_0,y_0) 处可微的( )条件.
   A. 必要   B. 充分   C. 充要   D. 无关

三、设 $z=f(u,x,y)$,$u=x\mathrm{e}^y$,其中 f 具有连续的二阶偏导数,求 $\dfrac{\partial^2 z}{\partial x \partial y}$.

四、设 $x = e^u \cos v$,$y = e^u \sin v$,$z = uv$,求 $\dfrac{\partial z}{\partial x}$,$\dfrac{\partial z}{\partial y}$.

五、设 $\begin{cases} z = x + y, \\ x^2 + y^2 + 3z^2 = 20, \end{cases}$ 求 $\dfrac{dy}{dx}$,$\dfrac{dz}{dx}$.

六、在曲面 $z=xy$ 上求一点，使该点处的法线垂直于平面 $x+3y+z+9=0$，并写出这个法线的方程．

七、欲建造一个无盖的长方形容器，已知底部造价为 3 元$/\mathrm{m}^2$，侧面造价为 1 元$/\mathrm{m}^2$，现想用 36 元建造一个容积最大的容器，求长、宽、高的尺寸．

第 10 章

重积分

习题 10-1

一、填空题

1. 设有一平面薄片位于 xOy 平面,占有平面区域 D,薄片上分布有面密度为 $\rho=\rho(x,y)$ 的电荷,在 D 上取面积元素 $d\sigma$,则该微元上的电荷可以表示为_____,从而平面薄片上的全部电荷 $Q=$_____.

2. 用二重积分性质或几何意义计算下列各题.

(1) $\iint\limits_{x^2+y^2 \leqslant a^2} 3 d\sigma =$ _____ ;   (2) $\iint\limits_{|x| \leqslant 1, |y| \leqslant 1} 3 d\sigma =$ _____ ;

(3) $\iint\limits_{0 \leqslant x \leqslant 1, 0 \leqslant y \leqslant 1-x} 2 d\sigma =$ _____ ;   (4) $\iint\limits_{x^2+y^2 \leqslant 1} 2\sqrt{1-x^2-y^2} d\sigma =$ _____.

3. 比较下列二重积分的大小:

(1) $\iint\limits_D (x+y)^2 d\sigma$ _____ $\iint\limits_D (x+y)^3 d\sigma$,$D$ 由 x 轴,y 轴,直线 $x+y=1$ 围成;

(2) $\iint\limits_D \ln(x+y) d\sigma$ _____ $\iint\limits_D [\ln(x+y)]^2 d\sigma$,$D$:$3 \leqslant x \leqslant 5$,$0 \leqslant y \leqslant 1$.

二、选择题

$\iint\limits_D f(x,y) d\sigma = \lim\limits_{\lambda \to 0} \sum\limits_{i=1}^{n} f(\xi_i, \eta_i) \Delta\sigma_i$ 中的 λ 是( ).

A. 最大小区间长   B. 小区域最大面积
C. 小区域直径   D. 小区域直径最大者

习题 10-2(1)

一、填空题

1. 计算下列二重积分:

(1) $\iint\limits_D (x+x^3y^2) d\sigma =$ _____,D:$x^2+y^2 \leqslant 4$,$y \geqslant 0$;

(2) $\iint\limits_D x^2 y d\sigma =$ _____,D:$0 \leqslant x \leqslant 1$,$-1 \leqslant y \leqslant 1$.

2. 交换下列积分次序：

(1) $\int_0^1 dy \int_0^y f(x,y) dx = $ _____ ；

(2) $\int_1^2 dx \int_{2-x}^{\sqrt{2x-x^2}} f(x,y) dy = $ _____ ；

(3) $\int_{-\sqrt{2}}^{\sqrt{2}} dx \int_{x^2}^{4-x^2} f(x,y) dy = $ _____ ；

(4) $\int_0^1 dy \int_0^{2y} f(x,y) dx + \int_1^3 dy \int_0^{3-y} f(x,y) dx = $ _____ .

3. 计算下列二重积分：

(1) $\iint\limits_D x \ln y \, dx \, dy = $ _____ ，$D: 0 \leqslant x \leqslant 4, 1 \leqslant y \leqslant e$；

(2) $\iint\limits_D x \cos(x+y) \, dx \, dy = $ _____ ，$D: 0 \leqslant x \leqslant \pi, 0 \leqslant y \leqslant \pi$；

(3) $\iint\limits_D (x^2 + y^2 - x) \, dx \, dy = $ _____ ，$D: y=2, y=x, y=2x$ 围成；

(4) $\int_0^1 dx \int_x^1 e^{-y^2} dy = $ _____ ；

(5) 设平面薄片所占闭区域 D 是由直线 $x+y=2, y=x$ 和 x 轴所围成，其质量分布面密度为 $\rho(x,y) = x^2 + y^2$，则该薄片的质量为 _____ .

二、选择题

1. $I = \int_1^e dx \int_0^{\ln x} f(x,y) dy$ 交换积分次序为（　　）.

   A. $\int_1^e dy \int_0^{\ln x} f(x,y) dx$　　　　　　B. $\int_{e^y}^e dy \int_0^1 f(x,y) dx$

   C. $\int_0^{\ln y} dy \int_1^e f(x,y) dx$　　　　　　D. $\int_0^1 dy \int_{e^y}^e f(x,y) dx$

2. $I = \int_1^2 dx \int_{2-x}^{x^2} f(x,y) dy$ 交换积分次序为（　　）.

   A. $\int_0^1 dy \int_{2-y}^2 f(x,y) dx$　　　　　　B. $\int_0^4 dy \int_{2-x}^{5y} f(x,y) dx$

   C. $\int_0^1 dy \int_{2-y}^2 f(x,y) dx + \int_1^4 dy \int_{\sqrt{y}}^2 f(x,y) dx$

   D. $\int_0^1 dy \int_2^{2-y} f(x,y) dx + \int_1^4 dy \int_2^{5y} f(x,y) dx$

三、计算题

1. 求由平面 $x=0, y=0, x+y=1$ 围成的柱体被平面 $z=0$ 及抛物面 $x^2+y^2=6-z$ 截得的立体的体积.

2. 求由曲面 $z=x^2+2y^2$ 及 $z=6-2x^2-y^2$ 所围立体的体积.

习题 10-2（2）

一、填空题

1. 将下述的二重积分表示为极坐标系下的累次积分.

(1) $\iint\limits_{x^2+y^2\leqslant 2x} f(x,y)\mathrm{d}x\mathrm{d}y=$ _____ ;

(2) $\iint\limits_{1\leqslant x^2+y^2\leqslant 4} f(x,y)\mathrm{d}x\mathrm{d}y=$ _____ .

2. 化下列二次积分为极坐标系下的二次积分.

(1) $\int_0^1 \mathrm{d}x \int_0^1 f(x^2+y^2)\mathrm{d}y=$ _____ ;

(2) $\int_0^2 \mathrm{d}x \int_x^{\sqrt{3}x} f(\sqrt{x^2+y^2})\mathrm{d}y=$ _____ ;

(3) $\int_0^1 \mathrm{d}x \int_{1-x}^{\sqrt{1-x^2}} f(x+y)\mathrm{d}y=$ _____ .

3. 计算下列二重积分：

(1) $\iint\limits_D y\mathrm{d}x\mathrm{d}y=$ _____ ,$D:x^2+y^2\leqslant 1,x>0,y>0$;

(2) $\iint\limits_D \left(\frac{y}{x}\right)^2 \mathrm{d}x\mathrm{d}y=$ _____ ,D：由 $y=\sqrt{1-x^2},y=x,y=0$ 围成的第一象限的闭区域；

(3) $\iint\limits_D \sin(\sqrt{x^2+y^2})\mathrm{d}x\mathrm{d}y=$ _____ ,$D:\pi^2\leqslant x^2+y^2\leqslant 4\pi^2$.

4. 若平面薄片所占闭区域由螺线 $r=2\theta\left(0\leqslant\theta\leqslant\frac{\pi}{2}\right)$ 及直线 $\theta=\frac{\pi}{2}$ 所围成，其质量分布面密度 $\rho(x,y)=x^2+y^2$，则该薄片的质量为 _____ .

二、选择题

1. $\iint\limits_{x^2+y^2\leqslant 4} \mathrm{e}^{x^2+y^2}\mathrm{d}\sigma=($).

    A. $\frac{\pi}{2}(\mathrm{e}^4-1)$ B. $2\pi(\mathrm{e}^4-1)$ C. $\pi(\mathrm{e}^4-1)$ D. $\pi\mathrm{e}^4$

2. $\iint\limits_{x^2+y^2\leqslant a^2}|xy|\mathrm{d}\sigma=$（　　）.

　　A. $\dfrac{a^4}{4}$　　　　　　B. $\dfrac{a^4}{3}$　　　　　　C. $\dfrac{a^4}{2}$　　　　　　D. a^4

3. $\iint\limits_{D}\arctan\dfrac{y}{x}\mathrm{d}\sigma=$（　　），$D$ 是由 $x^2+y^2=4$，$x^2+y^2=1$，$y=x$，$y=0$ 所围成在第一象限内的闭区域.

　　A. $\displaystyle\int_{\sqrt{1-x^2}}^{\sqrt{4-x^2}}\mathrm{d}x\int_0^x\arctan\dfrac{y}{x}\mathrm{d}y$　　　　B. $\displaystyle\int_0^x\mathrm{d}y\int_{\sqrt{1-x^2}}^{\sqrt{4-x^2}}\arctan\dfrac{y}{x}\mathrm{d}x$

　　C. $\displaystyle\int_0^{\frac{\pi}{4}}\mathrm{d}\theta\int_1^2\theta\mathrm{d}r$　　　　　　　　　　　　D. $\displaystyle\int_0^{\frac{\pi}{4}}\mathrm{d}\theta\int_1^2\theta r\mathrm{d}r$

4. 球面 $x^2+y^2+z^2=a^2$ 与柱面 $x^2+y^2=ax$ 所围成的立体的体积为（　　）.

　　A. $4\displaystyle\int_0^{\frac{\pi}{2}}\mathrm{d}\theta\int_0^{a\cos\theta}\sqrt{a^2-r^2}\mathrm{d}r$　　　　B. $8\displaystyle\int_0^{\frac{\pi}{2}}\mathrm{d}\theta\int_0^{a\cos\theta}\sqrt{a^2-r^2}r\mathrm{d}r$

　　C. $4\displaystyle\int_0^{\frac{\pi}{2}}\mathrm{d}\theta\int_0^{a\cos\theta}\sqrt{a^2-r^2}r\mathrm{d}r$　　　　D. $\displaystyle\int_{-\frac{\pi}{2}}^{\frac{\pi}{2}}\mathrm{d}\theta\int_0^{a\cos\theta}\sqrt{a^2-r^2}r\mathrm{d}r$

三、选用适当的坐标计算二重积分 $\iint\limits_{x^2+y^2\leqslant Rx}\sqrt{R^2-x^2-y^2}\mathrm{d}\sigma$.

四、某城市 1990 年的人口密度近似为 $P(r)=\dfrac{4}{r^2+20}$，$P(r)$ 表示距市中心 r km 处的人口密度，单位是 10 万人/km^2，试求距市中心 2km 区域内的人口数.

习题 10-3（1）

一、填空题

1. 由曲面 $z=\sqrt{5-x^2-y^2}$ 及 $x^2+y^2=4z$ 围成的立体的体积 V 的二次积分与三次积分的表达式分别为_____和_____.

2. 球心在原点，半径为 R 的球体，在其上任一点处质量分布的密度大小与该点到球心的距离成正比，则此球的质量 M 的三次积分表达式为_____.

3. 设 Ω 由 $x^2+y^2\leqslant z^2$，$0\leqslant z\leqslant 1$ 围成，则 $\iiint\limits_{\Omega}x\mathrm{d}v=$_____，$\iiint\limits_{\Omega}y\mathrm{d}v=$_____.

二、选择题

1. 设空间闭区域 Ω 由曲面 $z=\sqrt{x^2+y^2}$ 与平面 $z=2$ 围成，则 Ω 可由空间直角坐标 x，

y,z 的不等式组表示为( ).

A. $\begin{cases} -2 \leqslant x \leqslant 2 \\ -\sqrt{4-x^2} \leqslant y \leqslant \sqrt{4-x^2} \\ 2 \leqslant z \leqslant \sqrt{x^2+y^2} \end{cases}$

B. $\begin{cases} -2 \leqslant x \leqslant 2 \\ -\sqrt{4-x^2} \leqslant y \leqslant \sqrt{4-x^2} \\ 0 \leqslant z \leqslant 2 \end{cases}$

C. $\begin{cases} -2 \leqslant x \leqslant 2 \\ -\sqrt{4-x^2} \leqslant y \leqslant \sqrt{4-x^2} \\ 0 \leqslant z \leqslant \sqrt{x^2+y^2} \end{cases}$

D. $\begin{cases} -2 \leqslant x \leqslant 2 \\ -\sqrt{4-x^2} \leqslant y \leqslant \sqrt{4-x^2} \\ \sqrt{x^2+y^2} \leqslant z \leqslant 2 \end{cases}$

2. 设 Ω 由曲面 $z=x^2+2y^2$ 及 $z=6-2x^2-y^2$ 围成,则 Ω 可用关于直角坐标 x,y,z 的不等式组表示为( ).

A. $\begin{cases} -\sqrt{2} \leqslant x \leqslant \sqrt{2} \\ -\sqrt{2-x^2} \leqslant y \leqslant \sqrt{2-x^2} \\ 0 \leqslant z \leqslant x^2+2y^2 \end{cases}$

B. $\begin{cases} -\sqrt{2} \leqslant x \leqslant \sqrt{2} \\ -\sqrt{2-x^2} \leqslant y \leqslant \sqrt{2-x^2} \\ 0 \leqslant z \leqslant 6-2x^2-y^2 \end{cases}$

C. $\begin{cases} -\sqrt{2} \leqslant x \leqslant \sqrt{2} \\ -\sqrt{2-x^2} \leqslant y \leqslant \sqrt{2-x^2} \\ 6-2x^2-y^2 \leqslant z \leqslant x^2+2y^2 \end{cases}$

D. $\begin{cases} -\sqrt{2} \leqslant x \leqslant \sqrt{2} \\ -\sqrt{2-x^2} \leqslant y \leqslant \sqrt{2-x^2} \\ x^2+2y^2 \leqslant z \leqslant 6-2x^2-y^2 \end{cases}$

3. 设 $I = \iiint\limits_{\Omega} f(x,y,z) \mathrm{d}x\mathrm{d}y\mathrm{d}z$ 中的 Ω 由平面 $x=0, y=0, z=0, x+2y+z=1$ 围成,则 I 可以化为三次积分( ).

A. $\int_0^1 \mathrm{d}x \int_0^1 \mathrm{d}y \int_0^{1-x-2y} f(x,y,z) \mathrm{d}z$

B. $\int_0^1 \mathrm{d}x \int_0^{\frac{1-x}{2}} \mathrm{d}y \int_0^{1-x-2y} f(x,y,z) \mathrm{d}z$

C. $\int_0^1 \mathrm{d}x \int_0^1 \mathrm{d}y \int_0^1 f(x,y,z) \mathrm{d}z$

D. $\int_0^1 \mathrm{d}x \int_0^{\frac{1-y}{2}} \mathrm{d}z \int_0^{1-x-y} f(x,y,z) \mathrm{d}y$

三、计算三重积分

1. $\iiint\limits_{\Omega} z \mathrm{d}x\mathrm{d}y\mathrm{d}z$,其中 Ω 是由锥面 $z=\dfrac{h}{R}\sqrt{x^2+y^2}$ 与平面 $z=h$ 所围成的闭区域($R>0$, $h>0$)(按先重后单方法计算).

2. 求由曲面 $z=x^2+y^2$ 和平面 $z=0, |x|=a, |y|=b$ 所围立体的体积.

习题 10-3(2)

一、填空题

1. 三重积分 $\iiint_\Omega \sqrt{x^2+y^2+z^2}\,dxdydz$ 的值为_____,其中 Ω 由曲面 $x^2+y^2+z^2=R^2$ 围成.

2. 三重积分 $\iiint_\Omega \sqrt{x^2+y^2+z^2}\,dxdydz$ 的值为_____,其中 $\Omega=\{(x,y,z)\mid 0\leqslant z\leqslant \sqrt{2-x^2-y^2}\}$.

二、选择题

1. 设空间闭区域 Ω 由曲面 $z=\sqrt{2-x^2-y^2}$ 及 $z=x^2+y^2$ 围成,则 Ω 可由柱面坐标 r,θ,z 的不等式组表示为( ).

A. $\begin{cases} 0\leqslant\theta\leqslant 2\pi \\ 0\leqslant r\leqslant 2 \\ r^2\leqslant z\leqslant\sqrt{2-r^2} \end{cases}$
B. $\begin{cases} 0\leqslant\theta\leqslant 2\pi \\ 0\leqslant r\leqslant 1 \\ 0\leqslant z\leqslant r^2 \end{cases}$

C. $\begin{cases} 0\leqslant\theta\leqslant 2\pi \\ 0\leqslant r\leqslant 1 \\ r^2\leqslant z\leqslant\sqrt{2-r^2} \end{cases}$
D. $\begin{cases} 0\leqslant\theta\leqslant 2\pi \\ 0\leqslant r\leqslant 1 \\ 0\leqslant z\leqslant\sqrt{2-r^2} \end{cases}$

2. 设 Ω 是由柱面 $y=\sqrt{2x-x^2}$ 及平面 $z=0,z=a(a>0),y=0$ 围成,则 Ω 可由柱面坐标 r,θ,z 不等式组表示为( ).

A. $\begin{cases} 0\leqslant\theta\leqslant 2\pi \\ 0\leqslant r\leqslant 1 \\ 0\leqslant z\leqslant a \end{cases}$
B. $\begin{cases} 0\leqslant\theta\leqslant\pi \\ 0\leqslant r\leqslant 1 \\ 0\leqslant z\leqslant a \end{cases}$

C. $\begin{cases} 0\leqslant\theta\leqslant\frac{\pi}{2} \\ 0\leqslant r\leqslant 2\cos\theta \\ 0\leqslant z\leqslant a \end{cases}$
D. $\begin{cases} -\frac{\pi}{2}\leqslant\theta\leqslant\frac{\pi}{2} \\ 0\leqslant r\leqslant 2\cos\theta \\ 0\leqslant z\leqslant a \end{cases}$

3. 设 Ω 由不等式 $x^2+y^2+(z-a)^2\leqslant a^2$ 及 $x^2+y^2\leqslant z^2$ 所确定,则表示 Ω 的球面坐标的不等式组为( ).

A. $\begin{cases} 0\leqslant\theta\leqslant 2\pi \\ 0\leqslant\varphi\leqslant\frac{\pi}{4} \\ 0\leqslant r\leqslant a \end{cases}$
B. $\begin{cases} 0\leqslant\theta\leqslant 2\pi \\ 0\leqslant\varphi\leqslant\frac{\pi}{4} \\ 0\leqslant r\leqslant 2a\cos\varphi \end{cases}$

C. $\begin{cases} 0\leqslant\theta\leqslant 2\pi \\ \frac{\pi}{4}\leqslant\varphi\leqslant\frac{\pi}{2} \\ 0\leqslant r\leqslant 2a\cos\varphi \end{cases}$
D. $\begin{cases} 0\leqslant\theta\leqslant 2\pi \\ 0\leqslant\varphi\leqslant\frac{\pi}{4} \\ 0\leqslant r\leqslant 2a \end{cases}$

三、计算题

1. 设 Ω 由 $x\geqslant 0$, $y\geqslant 0$, $z\geqslant 0$ 及 $z\leqslant \sqrt{h^2-x^2-y^2}$ 构成,按柱面坐标及球面坐标两种方法求 $\iiint\limits_{\Omega} z\sqrt{x^2+y^2}\,dx\,dy\,dz$.

2. 设 Ω 是由 $x\geqslant 0$, $y\geqslant 0$, $a^2\leqslant x^2+y^2+z^2\leqslant R^2$ $(0<a<R)$ 围成的闭区域,求 $\iiint\limits_{\Omega}(x^2+y^2)\,dx\,dy\,dz$.

3. 求由曲面 $z=\sqrt{x^2+y^2}$, $z=x^2+y^2$ 围成的立体体积.

习题 10-4

一、填空题(凡均匀薄片质量分布面密度均设为 ρ)

1. 锥面 $z=\sqrt{x^2+y^2}$ 被柱面 $z^2=2x$ 所截部分的曲面面积元素 $dA=$ _____,积分区域 D 是_____,曲面面积的积分表达式 $A=$ _____,其值 $A=$ _____.

2. 由 $y=\sqrt{2x}$, $x=1$, $y=0$ 围成的均匀薄片,对 x 的一阶矩 $M_x=$ _____,对 y 的一阶矩 $M_y=$ _____,薄片的质量 $M=$ _____,因此薄片的重心坐标 $(x,y)=$ _____.

3. 由半椭圆 $x^2+\dfrac{y^2}{4}\leqslant 1$, $y\geqslant 0$ 围成的均匀薄片的重心坐标 $(x,y)=$ _____.

4. 由椭圆 $x^2+\dfrac{y^2}{4}=1$ 围成的均匀薄片对 y 轴的转动惯量(即对 y 的二阶矩) $I_y=$ _____.

5. 由 $x=0$, $y=0$, $x=a$, $y=b$ 所围成的均匀薄片对 x 轴的转动惯量为_____,对 y 轴的转动惯量为_____.

二、选择题

1. 圆柱面 $x^2+y^2=2ax$，抛物面 $az=x^2+y^2 (a>0)$ 及平面 $z=0$ 所围立体的体积为（ ）.

   A. πa^3 B. $\dfrac{3}{2}\pi a^3$ C. $2\pi a^3$ D. $\dfrac{5}{2}\pi a^3$

2. 两半径为 R 的直交圆柱体所围立体的表面积为（ ）.

   A. $8\int_0^R dx \int_0^{\sqrt{R^2-x^2}} \dfrac{R}{\sqrt{R^2-x^2}} dy$ B. $4\int_0^R dx \int_0^{\sqrt{R^2-x^2}} \dfrac{R}{\sqrt{R^2-x^2}} dy$

   C. $4\int_0^R dx \int_{-\sqrt{R^2-x^2}}^{\sqrt{R^2-x^2}} \dfrac{R}{\sqrt{R^2-x^2}} dy$ D. $16\int_0^R dx \int_0^{\sqrt{R^2-x^2}} \dfrac{R}{\sqrt{R^2-x^2}} dy$

3. 两圆 $r=2\sin\theta$ 及 $r=4\sin\theta$ 之间的均匀薄片重心的纵坐标为（ ）.

   A. $\int_0^\pi d\theta \int_{2\sin\theta}^{4\sin\theta} r^2 \sin\theta dr$ B. $\dfrac{1}{3\pi}\int_0^{2\pi} d\theta \int_{2\sin\theta}^{4\sin\theta} r\sin\theta dr$

   C. $\dfrac{1}{3\pi}\int_0^\pi d\theta \int_{2\sin\theta}^{4\sin\theta} r^2 \sin\theta dr$ D. $\dfrac{1}{3\pi}\int_0^{2\pi} d\theta \int_{2\sin\theta}^{4\sin\theta} r^2 \sin\theta dr$

4. 均匀圆片 $x^2+y^2 \leqslant 1 (\rho=1)$ 对于其中心的转动惯量为（ ）.

   A. $\dfrac{1}{2}\pi$ B. $\dfrac{1}{4}\pi$ C. $\dfrac{1}{8}\pi$ D. π

三、在均匀半圆形薄片的直径上，要接上一边与直径等长的均匀矩形薄片，为使整体重心恰在圆心，问接上的矩形薄片的另一边长为多少？

四、求由抛物线 $y=x^2$ 和直线 $y=1$ 所围成的均匀薄片对于直线 $y=-1$ 的转动惯量.

五、设一圆柱体由曲面 $x^2+y^2=R^2$ 及平面 $z=0$，$z=h$ 围成，密度为 $\rho(x,y,z)=1$，求该圆柱体绕 z 轴的转动惯量.

总习题 10

一、填空题

1. 比较大小：
$\iint_D (x^8+y^8)\mathrm{d}\sigma$ _____ $\iint_D 2x^4y^4\mathrm{d}\sigma$，$D:\{(x,y)\mid x^2+y^2\leqslant 1\}$.

2. $\int_0^1 f(x)\mathrm{d}x=1$，则 $\iint_D f(x)f(y)\mathrm{d}\sigma=$ _____，$D:\{(x,y)\mid 0\leqslant x\leqslant 1,0\leqslant y\leqslant 1\}$.

3. $\iint\limits_{x^2+y^2\leqslant 16} \mathrm{e}^{x^2+y^2}\mathrm{d}\sigma=$ _____.

4. 由 $x^2+y^2\leqslant 2ax(a>0)$ 刻画的区域的极坐标表示为 _____.

5. 三重积分的球坐标中的 φ 的范围是 _____.

6. 闭区域 D 由 $\theta_1\leqslant\theta\leqslant\theta_2$，$r_1(\theta)\leqslant r\leqslant r_2(\theta)$ 刻画，则 D 的面积为 _____.

7. Ω 由 $0\leqslant x\leqslant 1,0\leqslant y\leqslant 1,0\leqslant z\leqslant 1$ 刻画，则 $\iiint\limits_\Omega xyz\mathrm{d}v=$ _____.

8. 设平面薄片占有平面区域 D，其上点 (x,y) 质量分布面密度为 $\rho(x,y)$，则其质量为 _____.

9. $\iiint\limits_\Omega z\mathrm{d}v=$ _____，$\Omega:\{(x,y,z)\mid x^2+y^2+z^2\leqslant 5\}$.

10. $\iint_D f(x,y)\mathrm{d}\sigma$ 的极坐标表示的二次积分为 _____，$D:\{(x,y)\mid x^2+y^2\leqslant a^2\}$ $(a>0)$.

二、计算下列二重积分

1. $\iint_D x^2\mathrm{e}^{-y^2}\mathrm{d}\sigma$，$D$ 由 $x=0$，$y=x$，$y=1$ 围成.

2. $\iint_D (|x|+|y|)\mathrm{d}\sigma$，$D:|x|+|y|\leqslant 4$.

3. $\iint_D \sqrt{x^2+y^2}\mathrm{d}\sigma$，$D:x^2+y^2\leqslant 4$，$x\geqslant 0$，$y\geqslant 0$.

三、计算下列三重积分

1. $\iiint\limits_{\Omega} z\,dv$，$\Omega$ 由 $x^2+y^2=2z$，$z=8$ 围成.

2. $\iiint\limits_{\Omega} \sqrt{x^2+y^2+z^2}\,dv$，$\Omega$ 由 $x^2+y^2+z^2\geqslant 4$，$x^2+y^2+z^2\leqslant 16$ 围成.

四、交换下列二重积分的次序

1. $\int_{-1}^{0}dx\int_{-x}^{1}f(x,y)dy+\int_{0}^{1}dx\int_{1-\sqrt{1-x^2}}^{1}f(x,y)dy$.

2. $\int_{0}^{1}dx\int_{0}^{x^2}f(x,y)dy+\int_{1}^{3}dx\int_{0}^{\frac{1}{2}(3-x)}f(x,y)dy$.

五、求由 $x^2+y^2=az$，$z=2a-\sqrt{x^2+y^2}$ ($a>0$) 所围成的立体体积.

六、求曲面 $z=\sqrt{x^2+y^2}$ 被柱面 $z^2=4x$ 割下部分的面积.

七、设 $F(t)=\iiint\limits_{\Omega}f(x^2+y^2+z^2)\mathrm{d}v$，$f(u)$ 具有连续的导数，$f'(0)=1$，$f(0)=0$，Ω 为 $x^2+y^2+z^2\leqslant t^2$，求 $\lim\limits_{t\to 0^+}\dfrac{F(t)}{t^5}$.

第 11 章

曲线积分与曲面积分

习题 11-1

一、填空题

1. $\int_C (x+y)\mathrm{d}s = $ _____，其中 C 为点 $(0,1)$ 与点 $(1,0)$ 之间的线段．

2. 若 C 是圆周 $x^2+y^2=R^2$，则 $\oint_C \sqrt{x^2+y^2}\,\mathrm{d}s = $ _____，$\iint_D \sqrt{x^2+y^2}\,\mathrm{d}\sigma = $ _____，其中 D 为 C 围成的闭区域．

3. 若 C 是曲线 $r=a$ 对应于 $0\leqslant\theta\leqslant\dfrac{\pi}{4}$ 的一段弧，其上任一点质量分布线密度为 $\rho = \mathrm{e}^{\sqrt{x^2+y^2}}$，则 C 的质量为_____．

4. $\oint_{x^2+y^2=R^2}(x+y)\mathrm{d}s = $ _____．

5. $\oint_{x^2+y^2=R^2} x^2 \mathrm{d}s = $ _____．

6. $\int_C x\,\mathrm{d}s = $ _____，其中 $C: x^2+y^2=R^2$，$x>0$．

二、选择题

1. 设 L 为圆周 $x^2+y^2=R^2$，则曲线积分 $\oint_L x\,\mathrm{d}s = ($ _____$)$．

   A. π B. $-\pi$ C. 0   D. 1

2. 设 C 为从点 $A(0,0)$ 到点 $B(4,3)$ 的直线段，则 $\int_C (x-y)\mathrm{d}s = ($ _____$)$．

   A. $\int_0^4 \left(x-\dfrac{3}{4}x\right)\mathrm{d}x$ B. $\int_0^4 \left(x-\dfrac{3}{4}x\right)\sqrt{1+\dfrac{9}{16}}\,\mathrm{d}x$

   C. $\int_0^3 \left(\dfrac{4}{3}y-y\right)\mathrm{d}y$ D. $\int_0^3 \left(\dfrac{4}{3}y-y\right)\sqrt{1+\dfrac{9}{16}}\,\mathrm{d}y$

3. 设 C 为 $y=x^2$ 上点 $O(0,0)$ 到 $B(1,1)$ 的一段弧，则 $I = \int_C \sqrt{y}\,\mathrm{d}s = ($ _____$)$．

   A. $\int_0^1 \sqrt{1+4x^2}\,\mathrm{d}x$ B. $\int_0^1 \sqrt{y}\sqrt{1+y}\,\mathrm{d}y$

   C. $\int_0^1 x\sqrt{1+4x^2}\,\mathrm{d}x$ D. $\int_0^1 \sqrt{y}\sqrt{1+\dfrac{1}{y}}\,\mathrm{d}y$

三、计算下列各题

1. 设在 xOy 平面内有一分布着质量的曲线弧 L，在点 (x,y) 处质量分布的线密度为 $\rho(x,y)$，试用对弧长的曲线积分分别表达：

(1) 曲线 L 的质量；

(2) 曲线 L 的重心坐标；

(3) 曲线 L 对 x 轴和 y 轴的转动惯量.

2. 计算 $\int_C xy\,\mathrm{d}s$，其中 C 为：

(1) $y=2-\dfrac{x}{2}$ 上点 $(0,2)$ 与点 $(4,0)$ 之间的一线段；

(2) 矩形回路 $x=0$，$y=0$，$x=4$，$y=2$.

3. 计算 $\oint_C \sqrt{x^2+y^2}\,\mathrm{d}s$，其中 C 为圆周 $x^2+y^2=ax\,(a>0)$.

4. 计算 $\int_C \dfrac{1}{x^2+y^2+z^2}\mathrm{d}s$，其中 C 为曲线 $x=\mathrm{e}^t\cos t$，$y=\mathrm{e}^t\sin t$，$z=\mathrm{e}^t$ 上相应于 t 从 0 到 2 的一段弧.

四、有一铁丝成半圆形，方程为 $y=\sqrt{R^2-x^2}$，其上任一点的质量分布线密度等于该点的纵坐标，求：

（1）该铁丝的质量；

（2）重心坐标.

五、设质量分布不均匀的弯曲细杆，曲线方程为 $x=t$，$y=\dfrac{t^2}{\sqrt{2}}$，$z=\dfrac{t^3}{3}(0\leqslant t\leqslant 1)$，杆上任一点的质量分布的线密度 $\rho=\sqrt{2}y$，求细杆的质量.

习题 11-2

一、填空题

1. 平面力场 $\boldsymbol{F}$ 沿有向曲线弧 L 所做的功 W 的向量积分表达为_____．

2. 平面力场 $\boldsymbol{F}=(-x,-y)$ 沿椭圆 $\dfrac{x^2}{a^2}+\dfrac{y^2}{b^2}=1$ 正向所做的功为_____．

3. 对坐标的曲线积分 $\int_C x^2 y\mathrm{d}x-x\mathrm{d}y$，其中曲线 C 为 $y=x^3$ 上从 $A(-1,-1)$ 到 $B(1,1)$ 的一段，化为对弧长的曲线积分表达式为_____．

二、计算下列各题

1. 计算 $\int_C x\,\mathrm{d}y$，其中 C 为 $x+y=5$ 上点 $A(0,5)$ 到 $B(5,0)$ 的一段.

2. 计算 $\int_C (x^2-y^2)\,\mathrm{d}x + xy\,\mathrm{d}y$，其中 C 为从点 $O(0,0)$ 到点 $A(1,1)$ 的有向弧段，路径 OA 为：

(1) 直线 $y=x$ 上的一段；

(2) 抛物线 $y=x^2$ 上的一段；

(3) $y=0$ 与 $x=1$ 构成的折线段.

3. 计算 $\oint_C y\,\mathrm{d}x$，其中 C 是 $x=0$，$y=0$，$x=2$，$y=4$ 构成的矩形正向回路.

4. 计算 $\int_C 2xy\,dx + x^2\,dy$，其中 C 为：

(1) $y = x$ 上由点 $A(0,0)$ 到点 $B(1,1)$ 的一段；

(2) $y = x^2$ 上由点 $A(-1,1)$ 到点 $B(2,4)$ 的一段；

(3) $y^2 = x$ 上由点 $A(1,-1)$ 到点 $B(4,2)$ 的一段.

5. 计算 $\int_C (y^2 - z^2)\,dx + 2yz\,dy - x^2\,dz$，其中 C 为 $x = t$，$y = t^2$，$z = t^3$，$t: 0 \to 1$.

6. 计算 $\int_C y\,dx + z\,dy + x\,dz$，其中 C 为由点 $A(1,1,1)$ 到点 $B(2,3,4)$ 的直线段.

习题 11-3

一、填空题

1. 设 C 是任一条分段光滑的闭曲线，$f(u)$ 是具有连续导数的函数，则
$$\oint_C f(xy)(y\,dx + x\,dy) = \underline{\qquad}.$$

2. 若 $f(x,y)$ 具有二阶连续偏导数，C 为椭圆 $\dfrac{x^2}{4}+y^2=1$ 正向，则

$$\oint_C [3y+f_x(x,y)]dx+f_y(x,y)dy = \underline{\qquad}.$$

3. 设 C 为圆周 $x^2+y^2=9$ 的正向，则曲线积分 $\oint_C (2xy-2y)dx+(x^2-4x)dy = \underline{\qquad}$.

4. 设 C 为由点 $A(1,1)$ 到点 $B(2,2)$ 的任意不过原点的路径，则 $\displaystyle\int_C \dfrac{xdx+ydy}{x^2+y^2} = \underline{\qquad}$.

5. 设 C 为由点 $A(4,0)$ 到点 $O(0,0)$ 的上半圆周 $x^2+y^2=4x$，则

$$\int_C (y+2xy)dx+(x^2+2x+y^2)dy = \underline{\qquad}.$$

6. 设 C 为由点 $A(0,-1)$ 到点 $B(1,0)$ 的直线段，则 $\displaystyle\int_C \dfrac{xdy-ydx}{(x-y)^2} = \underline{\qquad}$.

二、选择题

1. 设 C 为任意不过原点且不包含原点的正向光滑简单闭曲线，则 $\oint_C \dfrac{xdx+ydy}{x^2+y^2} = (\quad)$.

  A. 4π B. 0 C. 2π D. π

2. 表达式 $P(x,y)dx-Q(x,y)dy$ 为某二元函数的全微分的充要条件为（ ）.

  A. $P_x=Q_y$ B. $P_y=Q_x$ C. $P_x=-Q_y$ D. $P_y=-Q_x$

3. k 为何值时，$\dfrac{y}{x^2+y^2}dx+\dfrac{kx}{x^2+y^2}dy$ 是某二元函数的全微分（ ）.

  A. 1 B. -1 C. 2 D. -2

4. 设 C 为圆周 $x^2+y^2=R^2$ 的正向，则 $\oint_C -x^2y\,dx+xy^2\,dy = (\quad)$.

  A. $-\dfrac{\pi R^4}{2}$ B. 0 C. $\dfrac{\pi R^4}{2}$ D. $\dfrac{2\pi R^4}{3}$

三、利用格林公式计算下列各题

1. $\oint_C (x^2y-2y)dx+\left(\dfrac{x^3}{3}-x\right)dy$，其中 C 为由 $x=1$，$y=x$，$y=2x$ 所围三角形的正向边界.

2. $\oint_C y^2 x \mathrm{d}x - x^2 y \mathrm{d}y$,其中 C 为圆周 $x^2 + y^2 = a^2$ 的正向.

3. $\oint_C \sqrt{x^2+y^2}\mathrm{d}x + [5x + y\ln(x+\sqrt{x^2+y^2})]\mathrm{d}y$,其中 C 为圆周 $(x-1)^2 + (y-1)^2 = 1$ 的正向.

4. $\int_C xy^2 \mathrm{d}x + (x^2 y + 2x - 1)\mathrm{d}y$,其中 C 为 $x^2 + y^2 = 4$ 上第一象限部分从点 $A(0,2)$ 到点 $B(2,0)$ 的一段弧.

5. $\oint_L (2x - y + 4)\mathrm{d}x + (5y + 3x - 6)\mathrm{d}y$,其中 L 为三顶点分别为 $(0,0),(3,0),(3,2)$ 的三角形正向边界.

四、证明下列曲线积分在整个 xOy 面内与路径无关,并计算积分值:

1. $\int_{(1,1)}^{(2,3)} (x+y)\mathrm{d}x + (x-y)\mathrm{d}y$.

2. $\int_{(0,0)}^{(2,3)} (2x\cos y - y^2\sin x)\mathrm{d}x + (2y\cos x - x^2\sin y)\mathrm{d}y$.

五、利用曲线积分计算由抛物线 $y^2 = x$，$y = x^2$ 所围图形的面积.

六、验证下列 $P(x,y)\mathrm{d}x + Q(x,y)\mathrm{d}y$ 在整个平面内是某一函数 $u(x,y)$ 的全微分，并求这样的一个函数 $u(x,y)$：

1. $(x+2y)\mathrm{d}x + (2x+y)\mathrm{d}y$.

2. $2xy\mathrm{d}x + x^2\mathrm{d}y$.

七、计算曲线积分 $\oint_L \dfrac{y\mathrm{d}x - x\mathrm{d}y}{2(x^2+y^2)}$，其中 L 为圆周 $(x-1)^2 + y^2 = 2$，方向为逆时针方向.

习题 11-4

一、填空题

1. $\iint\limits_{\Sigma} z\,dS = \underline{\qquad}$,$\Sigma: x^2+y^2+z^2=R^2,y \geq 0$.

2. $\iint\limits_{\Sigma}(x+z)\,dS = \underline{\qquad}$,$\Sigma$ 为 $x+z=a$ 位于柱面 $x^2+y^2=a^2$ 内的部分.

二、选择题

1. Σ 是部分锥面 $x^2+y^2=z^2$,$0 \leq z \leq 1$,则曲面积分 $\iint\limits_{\Sigma}(x^2+y^2)\,dS = (\quad)$.

   A. $\int_0^{\pi} d\theta \int_0^1 r^2 r\,dr$
   B. $\int_0^{2\pi} d\theta \int_0^1 r^2 r\,dr$

   C. $\sqrt{2}\int_0^{\pi} d\theta \int_0^1 r^2 r\,dr$
   D. $\sqrt{2}\int_0^{2\pi} d\theta \int_0^1 r^2 r\,dr$

2. Σ 为 $z=2-x^2-y^2$ 在 xOy 平面上方部分的曲面,则 $\iint\limits_{\Sigma} dS = (\quad)$.

   A. $\int_0^{2\pi} d\theta \int_0^{2-r^2} \sqrt{1+4r^2}\,r\,dr$
   B. $\int_0^{2\pi} d\theta \int_0^{\sqrt{2}} \sqrt{1+4r^2}\,dr$

   C. $\int_0^{2\pi} d\theta \int_0^{\sqrt{2}} (2-r^2)\sqrt{1+4r^2}\,r\,dr$
   D. $\int_0^{2\pi} d\theta \int_0^{\sqrt{2}} \sqrt{1+4r^2}\,r\,dr$

3. 设 Σ 为 $x^2+y^2+z^2=R^2$,则 $\oiint\limits_{\Sigma}(x^2+y^2+z^2)\,dS = (\quad)$.

   A. $\int_0^{2\pi} d\theta \int_0^{\pi} d\varphi \int_0^R r^2 r\sin\varphi\,dr$
   B. $\iiint\limits_{\Omega} R^2\,dv$($\Omega$ 为 Σ 所围区域)

   C. $4\pi R^4$
   D. $\dfrac{4}{3}\pi R^5$

三、计算题

1. $\oiint\limits_{\Sigma}(x^2+y^2)\,dS$,其中 Σ 是锥面 $z=\sqrt{x^2+y^2}$ 及平面 $z=1$ 所围区域的整个边界曲面.

2. $\iint_\Sigma \left(z+2x+\dfrac{4}{3}y\right)\mathrm{d}S$,其中 Σ 为平面 $\dfrac{x}{2}+\dfrac{y}{3}+\dfrac{z}{4}=1$ 在第一卦限中的部分.

3. 求抛物面壳 $z=\dfrac{1}{2}(x^2+y^2)$ ($0\leqslant z\leqslant 1$)的质量,此壳上任一点(x,y,z)处质量分布的面密度为 $\rho=z$.

四、解答题

1. 当 Σ 是 xOy 面内的一个区域时,曲面积分 $\iint_\Sigma f(x,y,z)\mathrm{d}S$ 与二重积分有什么关系?

2. 设有一分布着质量的曲面 Σ 在点(x,y,z)处质量分布的面密度为 $\rho(x,y,z)$,用对面积的曲面积分表达曲面对于 x 轴及 y 轴的转动惯量.

习题 11-5

一、填空题(将对坐标的曲面积分化为二重积分)

1. $\iint_\Sigma (y-z)\mathrm{d}y\mathrm{d}z = $ _____,Σ 为 $z^2=x^2+y^2$ ($0\leqslant z\leqslant h$)的下侧.

2. $\iint_\Sigma \dfrac{\mathrm{e}^z}{\sqrt{x^2+y^2}}\mathrm{d}x\mathrm{d}y = $ _____,Σ 为锥面 $z=\sqrt{x^2+y^2}$ ($1\leqslant z\leqslant 2$)的下侧.

3. $\iint_\Sigma \mathrm{e}^z \mathrm{d}x\mathrm{d}y = $ _____,Σ 为平面 $z=1$ 被锥面 $z=\sqrt{x^2+y^2}$ 所截曲面的上侧.

二、选择题

1. 设 Σ 为 $x^2+y^2+z^2=a^2$ 的外侧，则 $\oiint_{\Sigma} z^2 \mathrm{d}x\mathrm{d}y = ($ 　　$)$.

   A. 0　　　　　　　　　　　　　　　　B. $2\iint_{D_{xy}}(a^2-x^2-y^2)\mathrm{d}x\mathrm{d}y$

   C. $\iint_{D_{xy}}(a^2-x^2-y^2)\mathrm{d}x\mathrm{d}y$　　　D. $4\iint_{D_{xy}}(a^2-x^2-y^2)\mathrm{d}x\mathrm{d}y$

2. 设 Σ 为球面 $x^2+y^2+z^2=R^2$ 下半球面的下侧，则 $\iint_{\Sigma} z\mathrm{d}x\mathrm{d}y=($ 　　$)$.

   A. $-\int_0^{2\pi}\mathrm{d}\theta\int_0^R \sqrt{R^2-r^2}\,\mathrm{d}r$　　　B. $\int_0^{2\pi}\mathrm{d}\theta\int_0^R \sqrt{R^2-r^2}\,r\mathrm{d}r$

   C. $-\int_0^{2\pi}\mathrm{d}\theta\int_0^R \sqrt{R^2-r^2}\,r\mathrm{d}r$　　D. $\int_0^{2\pi}\mathrm{d}\theta\int_0^r \sqrt{R^2-r^2}\,r\mathrm{d}r$

三、计算题

1. $\iint_{\Sigma} x^2 y^2 \mathrm{d}x\mathrm{d}y$，$\Sigma$ 为球面 $x^2+y^2+z^2=R^2$ 的下半部分下侧.

2. $\iint_{\Sigma} z\mathrm{d}x\mathrm{d}y + x\mathrm{d}y\mathrm{d}z + y\mathrm{d}z\mathrm{d}x$，其中 Σ 为柱面 $x^2+y^2=1$ 被平面 $z=0$ 及 $z=3$ 所截得的在第一卦限内部分的前侧.

四、解答题

1. 当 Σ 为 xOy 面内的一个闭区域时，曲面积分 $\iint_{\Sigma} R(x,y,z)\mathrm{d}x\mathrm{d}y$ 与二重积分有什么关系？

2. 把对坐标的曲面积分 $\iint\limits_{\Sigma} P(x,y,z)\mathrm{d}y\mathrm{d}z + Q(x,y,z)\mathrm{d}z\mathrm{d}x + R(x,y,z)\mathrm{d}x\mathrm{d}y$ 化成对面积的曲面积分，其中 Σ 是平面 $3x+2y+2\sqrt{3}z=6$ 在第一卦限内部分的上侧.

习题 11-6

一、填空题

1. 设 Σ 为球面 $x^2+y^2+z^2=R^2$ 下半部分的下侧，则 $\iint\limits_{\Sigma} z\mathrm{d}x\mathrm{d}y = $ _____.

2. 设 Σ 为球面 $x^2+y^2+z^2=R^2$ 的外侧，则 $\oiint\limits_{\Sigma} x^2z\mathrm{d}x\mathrm{d}y + y^2x\mathrm{d}y\mathrm{d}z + z^2y\mathrm{d}z\mathrm{d}x = $ _____.

3. 设向量场 $\boldsymbol{A} = \mathrm{e}^{xy}\boldsymbol{i} + \cos(xy)\boldsymbol{j} + \cos(xz^2)\boldsymbol{k}$，则其散度 $\mathrm{div}\boldsymbol{A} = $ _____.

二、计算题

1. 利用高斯公式计算下列曲面积分：

(1) $\oiint\limits_{\Sigma} x^2\mathrm{d}y\mathrm{d}z + y^2\mathrm{d}z\mathrm{d}x + z^2\mathrm{d}x\mathrm{d}y$，其中 Σ 为平面 $x=0, y=0, z=0, x=a, y=a, z=a$ 所围成的立体表面外侧 ($a>0$)；

(2) $\oiint_{\Sigma} xz^2 \mathrm{d}y\mathrm{d}z + (x^2y - z^3)\mathrm{d}z\mathrm{d}x + (2xy + y^2 z)\mathrm{d}x\mathrm{d}y$，其中 Σ 为上半球体 $0 \leqslant z \leqslant \sqrt{a^2 - x^2 - y^2}$ 的表面外侧；

(3) $\oiint_{\Sigma} x\mathrm{d}y\mathrm{d}z + y\mathrm{d}z\mathrm{d}x + z\mathrm{d}x\mathrm{d}y$，其中 Σ 是介于 $z=0$ 和 $z=3$ 之间的圆柱体 $x^2 + y^2 \leqslant 9$ 整个表面的外侧.

2. 求向量场 $\mathbf{A} = (2x-z)\mathbf{i} + x^2 y\mathbf{j} - xz^2\mathbf{k}$ 穿过立方体 $0 \leqslant x \leqslant a, 0 \leqslant y \leqslant a, 0 \leqslant z \leqslant a$ 的全表面流向外侧的流量.

3. 计算曲面积分 $\iint_{\Sigma} x\mathrm{d}y\mathrm{d}z + y\mathrm{d}z\mathrm{d}x + z\mathrm{d}x\mathrm{d}y$，其中 Σ 为半球面 $z = \sqrt{R^2 - x^2 - y^2}$ 的上侧.

总习题 11

一、填空题

1. 平面力场 $F=(\sin x,\cos x)$ 沿 $L: x^2+y^2=1$ 正向运动一周所做功的表达式为 _____ .

2. L 为 $x^2+y^2=1$，则 $\oint_L y\,ds=$ _____ .

3. C 为从 $B(1,9)$ 到 $A(1,1)$ 一直线段，则 $\int_C (x+y)\,ds=$ _____ .

4. $A(x,y,z)=(\sin x,x^2 y,x+y+z)$，则 $\text{div} A=$ _____ .

5. $A(x,y,z)=(x+y,y+z,z^2)$，则 $\text{rot} A=$ _____ .

6. Σ 为以 $z=z(x,y)$ 为方程的曲面，面积为 S，则 $\iint_\Sigma dS=$ _____ .

7. 已知 $\Sigma: z=z(x,y)$ 为有向曲面，在 xOy 面上投影区域为 D，$\iint_\Sigma dx\,dy=-\iint_D dx\,dy$，则 Σ 的方向为 _____ .

8. $P(x,y)dx+Q(x,y)dy$ 为全微分形式的充要条件为 _____（P,Q 具有连续偏导数）.

9. 积分 $\int_A^B (x+y^2)dx+x(1+f(y))dy$ 与路径无关，则 $f(y)=$ _____ .

10. 曲线形构件 Γ 上任一点 (x,y,z) 处的密度为 $\rho(x,y,z)$，则其重心横坐标为 _____ .

二、计算下列线积分

1. $\int_C x^3 ds$，其中 C 为 $y=x^2$ 从点 $(0,0)$ 到点 $(1,1)$ 的一段弧.

2. Γ 为 $x=t, y=t^2, z=t^3$ 上从 $t=1$ 到 $t=0$ 的一段弧，求 $\int_\Gamma x\,dz+xy\,dy$.

3. $\oint_C xy^2 dy-x^2 y\,dx$，其中 C 为 $x^2+y^2=a^2$ 按逆时针方向绕一周.

4. $\int_C (e^y+x)dx+(xe^y-2y)dy$,其中 C 为过三点 $O(0,0)$,$A(1,0)$,$B(1,2)$ 的圆周上的弧段(O 为起点,B 为终点).

三、计算下列曲面积分

1. $\iint_\Sigma \left|\dfrac{xy}{z}\right|dS$,其中 Σ 为曲面 $2z=x^2+y^2$ 介于 $\dfrac{1}{2}\leqslant z\leqslant 2$ 之间的部分.

2. $\oiint_\Sigma (x^2+y^2+1)dS$,其中 Σ 为 $z=\sqrt{x^2+y^2}$,$z=4$ 围成的立体表面.

3. $\oiint_\Sigma y^2z\,dxdy+z^2x\,dydz+x^2y\,dzdx$,其中 Σ 为 $x^2+y^2=1$,$z=x^2+y^2$ 及坐标面在第一卦限内所围闭曲面的外侧.

4. $\oiint_{\Sigma}(x-y)\mathrm{d}x\mathrm{d}y+(y-z)x\mathrm{d}y\mathrm{d}z$，其中 Σ 为 $x^2+y^2=1$ 及平面 $z=0, z=1$ 所围立体表面外侧.

四、证明 $(4x^3+10xy^3-3y^4)\mathrm{d}x+(15x^2y^2-12xy^3+5y^4)\mathrm{d}y$ 为某个函数 $u(x,y)$ 的全微分，并求 $u(x,y)$.

五、计算 $\iint_{\Sigma}xz^2\mathrm{d}y\mathrm{d}z+(yx^2-z^3)\mathrm{d}z\mathrm{d}x+(2x+y^2z)\mathrm{d}x\mathrm{d}y$，其中 Σ 为上半球面 $z=\sqrt{9-x^2-y^2}$ 的上侧.

第 12 章

无穷级数

习题 12-1

一、选择题

1. $\sum_{n=1}^{\infty}(u_n+1)$ 收敛，则 $\lim_{n\to\infty}u_n=(\quad)$.

   A. 不存在　　　　B. 0　　　　C. -1　　　　D. 1

2. $\sum_{n=1}^{\infty}u_n$ 收敛，$\sum_{n=1}^{\infty}v_n$ 发散，则 $\sum_{n=1}^{\infty}(u_n+kv_n)\ (k\neq 0)\ (\quad)$.

   A. 不一定收敛　　　　　　　　B. 收敛
   C. 发散　　　　　　　　　　　D. 收敛性与 k 有关

3. 级数 $\sum_{n=1}^{\infty}u_n$ 与 $\sum_{n=k}^{\infty}u_n\ (k>1$ 为常数$)\ (\quad)$.

   A. 收敛性相同　　　　　　　　B. 无相同收敛性
   C. 由 k 决定是否有相同收敛性　　D. 收敛时有相同和

4. 级数 $\sum_{n=1}^{\infty}u_n$ 收敛的充要条件为部分和数列 $\{s_n\}(\quad)$.

   A. 有界　　　　B. 有极限　　　　C. 单调有界　　　　D. 满足 $\lim_{n\to\infty}s_n=0$

二、判别级数敛散性

1. $\sum_{n=1}^{\infty}(-1)^n\dfrac{2^n}{3^n}$.

2. $\sum_{n=1}^{\infty}\dfrac{1}{2n}$.

3. $\sum_{n=1}^{\infty}\dfrac{1}{\sqrt[n]{2}}$.

4. $\sum_{n=1}^{\infty}\left(\dfrac{1}{3^n}+\dfrac{1}{5^n}\right)$.

三、用定义讨论 $\sum_{n=2}^{\infty}\ln\left(1-\dfrac{1}{n^2}\right)$ 的敛散性（运用部分和数列的极限）.

习题 12-2

一、选择题

1. 级数 $\sum_{n=1}^{\infty}u_n$ 及 $\sum_{n=1}^{\infty}v_n$ 的通项满足 $\lim\limits_{n\to\infty}\dfrac{u_n}{v_n}=1$，如果 $\sum_{n=1}^{\infty}u_n$ 发散，则 $\sum_{n=1}^{\infty}v_n$（　　）.

   A. 收敛　　　　　　　　　　　　B. 发散

   C. 在 $u_n\geqslant 0$ 时发散　　　　　D. 以上都不对

2. 判别级数 $\sum_{n=1}^{\infty}\dfrac{1}{n}\sin\dfrac{1}{n}$ 敛散性的正确方法为（　　）.

   A. $\lim\limits_{n\to\infty}\dfrac{1}{n}\sin\dfrac{1}{n}=0$，故级数收敛

   B. $\dfrac{1}{n}\sin\dfrac{1}{n}<\dfrac{1}{n}$，而 $\sum_{n=1}^{\infty}\dfrac{1}{n}$ 发散，故 $\sum_{n=1}^{\infty}\dfrac{1}{n}\sin\dfrac{1}{n}$ 发散

   C. $\dfrac{1}{n+1}\sin\dfrac{1}{n+1}<\dfrac{1}{n}\sin\dfrac{1}{n}$，故级数收敛

   D. $\lim\limits_{n\to\infty}\dfrac{\dfrac{1}{n}\sin\dfrac{1}{n}}{\dfrac{1}{n^2}}=1$，而级数 $\lim\limits_{n\to\infty}\sum_{n=1}^{\infty}\dfrac{1}{n^2}$ 收敛，故 $\sum_{n=1}^{\infty}\dfrac{1}{n}\sin\dfrac{1}{n}$ 收敛

3. 判定级数 $\sum_{n=1}^{\infty}\dfrac{n\cos^2\dfrac{n\pi}{3}}{2^n}$ 敛散性的正确方法是（　　）.

   A. $\lim\limits_{n\to\infty}\dfrac{\dfrac{n\cos^2\dfrac{n\pi}{3}}{2^n}}{\dfrac{1}{n}}=0<1$，因 $\sum_{n=1}^{\infty}\dfrac{1}{n}$ 发散，故级数发散

B. $\lim\limits_{n\to\infty}\dfrac{n\cos^2\dfrac{n\pi}{3}}{2^n}=0$,故级数收敛

C. 由于 $0\leqslant\dfrac{n\cos^2\dfrac{n\pi}{3}}{2^n}<\dfrac{n}{2^n}$,而 $\sum\limits_{n=1}^{\infty}\dfrac{n}{2^n}$ 收敛,故 $\sum\limits_{n=1}^{\infty}\dfrac{n\cos^2\dfrac{n\pi}{3}}{2^n}$ 收敛

D. 由于 $\dfrac{1}{2^n}\leqslant\dfrac{n\cos^2\dfrac{n\pi}{3}}{2^n}$,而 $\sum\limits_{n=1}^{\infty}\dfrac{1}{2^n}$ 收敛,故 $\sum\limits_{n=1}^{\infty}\dfrac{n\cos^2\dfrac{n\pi}{3}}{2^n}$ 收敛

二、判别级数敛散性

1. $\sum\limits_{n=1}^{\infty}n\left(\dfrac{a}{b}\right)^n\ (a>0, b>0)$.

2. $\sum\limits_{n=1}^{\infty}\dfrac{3^n+2^n}{7^n+5^n}$.

3. $\sum_{n=1}^{\infty}\left(1+\frac{1}{n}\right)q^n$ ($0<q<1$ 为常数).

4. $\sum_{n=1}^{\infty}\left(1-\frac{1}{n}\right)^n$.

5. $\sum_{n=1}^{\infty}\left(\frac{n}{6n+1}\right)^{2n}$.

三、判别下列级数是否收敛,是条件收敛还是绝对收敛

1. $-\frac{1}{\sqrt[3]{2}}+\frac{1}{\sqrt[3]{4}}-\frac{1}{\sqrt[3]{6}}+\frac{1}{\sqrt[3]{8}}-\frac{1}{\sqrt[3]{10}}+\cdots$.

2. $\sum_{n=1}^{\infty}(-1)^n\frac{2n+1}{5^n}$.

3. $\sum_{n=1}^{\infty}\frac{\cos\frac{2n\pi}{3}}{n\sqrt{n}}$.

4. $\sum_{n=1}^{\infty}(-1)^n \dfrac{n+1}{n^2}$.

四、完成下列各题

1. 证明：当 $n\to\infty$ 时，$\dfrac{1}{n^n}$ 是比 $\dfrac{1}{n!}$ 高阶的无穷小量.

2. 已知正项级数 $\sum_{n=1}^{\infty} u_n$ 收敛，讨论 $\sum_{n=1}^{\infty} u_n^2$ 的收敛性.

习题 12-3

一、填空题

1. $\sum_{n=1}^{\infty} \dfrac{1}{n} x^n$ 的收敛域为_____，和函数为_____.

2. $\sum_{n=1}^{\infty} \dfrac{1}{n} x^{2n-1}$ 的收敛域为_____，和函数为_____.

二、选择题

1. 已知级数 $\sum_{n=1}^{\infty} a_n x^n$ 在 $x=-2$ 处收敛，则 $\sum_{n=1}^{\infty} a_n$（　　）.

　　A. 绝对收敛　　　　B. 条件收敛　　　　C. 发散　　　　D. 不一定

2. 已知级数 $\sum_{n=1}^{\infty} a_n x^n$ 与 $\sum_{n=1}^{\infty} 2a_n(x-1)^n$，则二者（　　）.

　　A. 收敛域相同　　　　　　　　　　　B. 收敛半径相同

C. 收敛半径有两倍关系　　　　　　D. 收敛域无关

3. 已知 $\sum\limits_{n=1}^{\infty} a_n x^n$ 与 $\sum\limits_{n=1}^{\infty} b_n x^n$ 收敛半径分别为 r, R，则 $\sum\limits_{n=1}^{\infty} (a_n - b_n) x^n$ 收敛半径为(　　).

A. $r - R$　　　　B. $r + R$　　　　C. $\min\{r, R\}$　　　　D. $\max\{r, R\}$

三、讨论下列级数的收敛域与收敛半径

1. $\sum\limits_{n=1}^{\infty} \dfrac{3^n}{n} (x-1)^n$.

2. $\sum\limits_{n=1}^{\infty} \dfrac{x^{2n}}{n 2^n}$.

四、求下列级数在收敛域上的和函数

1. $\sum\limits_{n=1}^{\infty} n(n+1) x^n$.

2. $\sum_{n=1}^{\infty}(-1)^n \dfrac{1}{n+1}x^n$.

习题 12-4

一、指出函数幂级数展开式中有哪些基本公式,总结其中哪些可以由其他公式通过适当变换得到,使自己所记公式尽可能少.

二、填空题

1. $\dfrac{1}{(1+x)^3}$ 展成 x 的幂级数为_____.

2. 2^x 展成 x 的幂级数为_____.

3. $\ln \dfrac{x}{1+x}$ 展成 $x-1$ 的幂级数为_____.

三、将下列函数展开成 x 的幂级数，并求展开式成立的区间

1. $\ln(2+3x+x^2)$.

2. $\cos^2 x$.

3. $\arctan x$.

4. $x\arctan x - \ln\sqrt{1+x^2}$.

习题 12-5

一、选择题

1. $f(x)$ 以 2π 为周期，满足狄利克雷收敛条件，则 $\dfrac{a_0}{2} + \sum\limits_{n=1}^{\infty}(a_n\cos nx + b_n\sin nx)$ （　　）.

    A. 恒等于 $f(x)$ B. 导数等于 $f'(x)$

    C. 连续点等于 $f(x)$ D. 间断点处不收敛

2. $f(x)$ 是以 2π 为周期的偶函数，满足狄利克雷收敛条件，则其傅里叶系数满足（　　）.

    A. $a_n = 0, n = 0, 1, 2, \cdots$ B. $a_n = 0, n = 1, 2, \cdots$

    C. $b_n = 0, n = 0, 1, 2, \cdots$ D. $b_n = 0, n = 1, 2, \cdots$

3. $f(x) = \begin{cases} -1, & -\pi \leqslant x < 0, \\ 1, & 0 \leqslant x < \pi, \end{cases}$ 以 2π 为周期，则其傅里叶级数在 $x = 2\pi$ 处收敛于（　　）.

    A. -1 B. 1 C. 0 D. 2

二、将下列周期函数展开为傅里叶级数

1. $f(x) = x^2, [-\pi, \pi)$.

2. $f(x) = \begin{cases} x, & -\pi \leqslant x < 0, \\ 2x, & 0 \leqslant x < \pi. \end{cases}$

习题 12-6

一、选择题

1. $f(x)$ 在 $[0,\pi]$ 上定义为 x^2+1,如果 $f(x)$ 是以 2π 为周期的奇函数,则 $f\left(-\dfrac{5\pi}{2}\right)$ 等于( ).

  A. $\dfrac{25\pi^2}{4}+1$ B. $\dfrac{9\pi^2}{4}+1$ C. $-\dfrac{25\pi^2}{4}+1$ D. $-\dfrac{\pi^2}{4}-1$

2. 把 $f(x)=\begin{cases}\cos\dfrac{\pi x}{2}, & 0\leqslant x\leqslant 1,\\ 0, & 1<x<2\end{cases}$ 展开为余弦级数时需对 $f(x)$ 进行( ).

  A. 周期为 4 的延拓   B. 奇延拓

  C. 周期为 2 的延拓   D. 偶延拓

二、将 $f(x)=x+2(0\leqslant x\leqslant \pi)$ 展开为余弦级数.

三、将以 12 为周期的函数 $f(x)=\begin{cases}0, & -6\leqslant x<0,\\ 2, & 0\leqslant x<6\end{cases}$ 展开为傅里叶级数.

总习题 12

一、判别下列级数敛散性

1. $\sum_{n=1}^{\infty} \dfrac{1}{n^2+n+\sin n}$.

2. $\sum_{n=1}^{\infty} \ln\left(1+\dfrac{1}{n}\right)$.

3. $\sum_{n=1}^{\infty} (n+1)\arcsin\dfrac{1}{3^n}$.

4. $\sum_{n=1}^{\infty} \dfrac{a^n n!}{n^n}\ (a>0, a\ne e)$.

5. $\sum_{n=1}^{\infty} \cos\dfrac{\pi}{n}$.

二、判别下列级数是否收敛,绝对收敛还是条件收敛?

1. $\sum_{n=1}^{\infty} \dfrac{(-1)^n}{\sqrt{n+1}}$.

2. $\sum_{n=1}^{\infty} \dfrac{\sin \dfrac{2n\pi}{3}}{\sqrt{n^3}}$.

3. $\sum_{n=1}^{\infty} (-1)^n \dfrac{\sqrt{n+2}}{\sqrt{n+1}+1}$.

三、确定下列级数的收敛域

1. $\sum_{n=1}^{\infty} \dfrac{(x+2)^n}{3^n n}$.

2. $\sum_{n=1}^{\infty} \dfrac{(-1)^n x^{3n}}{2n+1}$.

3. $\sum_{n=1}^{\infty} \dfrac{(-1)^n x^{n+1}}{n^2}$.

四、求 $\sum_{n=1}^{\infty} n^2 x^{n-1}$ 的收敛域及和函数.

五、1. 将 $f(x) = \dfrac{1}{x^2-4x+3}$ 展开成 $x-6$ 的幂级数.

2. 将 $f(x) = (1+x)\ln(1+x) - (1+x)$ 展开成 x 的幂级数.

六、把 $f(x)=2x+1(0\leqslant x\leqslant \pi)$ 展开为正弦级数.

七、已知 $\lim\limits_{n\to\infty}na_n=0$,$\sum\limits_{n=1}^{\infty}n(a_n-a_{n-1})$ 收敛,证明 $\sum\limits_{n=1}^{\infty}a_n$ 收敛.

八、求证:$\sum\limits_{n=1}^{\infty}\dfrac{1}{n2^n}=\ln 2$.

习题答案及参考解答

第8章 空间解析几何与向量代数

习题 8-1(1)

1. 解 $2\mathbf{u}-3\mathbf{v}=5\mathbf{a}-11\mathbf{b}+7\mathbf{c}$.

2. 证明 如图所示,因为 $\overrightarrow{BC}=\overrightarrow{MC}-\overrightarrow{MB}$,$\overrightarrow{AD}=\overrightarrow{MD}-\overrightarrow{MA}=-\overrightarrow{MB}+\overrightarrow{MC}$,所以 $\overrightarrow{AD}=\overrightarrow{BC}$,因此四边形 $ABCD$ 为平行四边形.

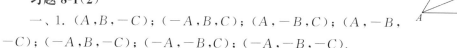

习题 8-1(2)

一、1. $(A,B,-C)$;$(-A,B,C)$;$(A,-B,C)$;$(A,-B,-C)$;$(-A,B,-C)$;$(-A,-B,C)$;$(-A,-B,-C)$.

2. $\sqrt{34}$;$\sqrt{41}$;5.

二、证明 $\overrightarrow{AB}=(6,-2,-3)$,$|\overrightarrow{AB}|=7$;$\overrightarrow{AC}=(-2,3,-6)$,$|\overrightarrow{AC}|=7$;$\overrightarrow{CB}=(8,-5,3)$,$|\overrightarrow{BC}|=7\sqrt{2}$,因为 $|\overrightarrow{BC}|^2=|\overrightarrow{AB}|^2+|\overrightarrow{AC}|^2$,故结论得证.

习题 8-1(3)

1. 解 $\overrightarrow{M_1M_2}=(1,-2,-2)$;$-2\overrightarrow{M_1M_2}=(-2,4,4)$.

2. 解 $\overrightarrow{M_1M_2}=(-1,-\sqrt{2},1)$,模为 $|\overrightarrow{M_1M_2}|=2$;方向余弦为 $\cos\alpha=-\dfrac{1}{2}$,$\cos\beta=-\dfrac{\sqrt{2}}{2}$,$\cos\gamma=\dfrac{1}{2}$;方向角为 $\alpha=\dfrac{2}{3}\pi$,$\beta=\dfrac{3}{4}\pi$,$\gamma=\dfrac{\pi}{3}$.

3. 解 $\mathbf{a}=4(3\mathbf{i}+5\mathbf{j}+8\mathbf{k})+3(2\mathbf{i}-4\mathbf{j}-7\mathbf{k})-(5\mathbf{i}+\mathbf{j}-4\mathbf{k})=13\mathbf{i}+7\mathbf{j}+15\mathbf{k}$,所以 $\mathbf{a}$ 在 x 轴上的投影为 13,在 y 轴上的分向量为 $7\mathbf{j}$.

4. 解 $|\mathbf{a}|=11$,平行于向量 $\mathbf{a}=(6,7,-6)$ 的单位向量为 $\mathbf{e}=\pm\left(\dfrac{6}{11},\dfrac{7}{11},-\dfrac{6}{11}\right)$.

习题 8-2

一、1. 解 已知 $\mathbf{a}\perp\mathbf{b}$,可得 $3p+8-5=0$,解得 $p=-1$. 于是

$$\mathbf{a}\times\mathbf{b}=\begin{vmatrix} \mathbf{i} & \mathbf{j} & \mathbf{k} \\ 3 & -2 & 1 \\ -1 & -4 & -5 \end{vmatrix}=(14,14,-14).$$

2. 解 $\mathbf{a}\cdot\mathbf{b}=|\mathbf{a}||\mathbf{b}|\cos\theta=12$,解得 $\cos\theta=\dfrac{3}{5}$,$\sin\theta=\dfrac{4}{5}$;

$|\mathbf{a}\times\mathbf{b}|=|\mathbf{a}||\mathbf{b}|\sin\theta=10\times 2\times\dfrac{4}{5}=16$.

3. 解 $(2\boldsymbol{a}-3\boldsymbol{b})\cdot(2\boldsymbol{a}-3\boldsymbol{b})=4\boldsymbol{a}\cdot\boldsymbol{a}-6\boldsymbol{a}\cdot\boldsymbol{b}-6\boldsymbol{b}\cdot\boldsymbol{a}+9\boldsymbol{b}\cdot\boldsymbol{b}=100-12\times5\times2\times\frac{1}{2}+36=76$,解得$|2\boldsymbol{a}-3\boldsymbol{b}|=\sqrt{76}$.

4. 解 $\boldsymbol{a}\cdot\boldsymbol{b}=6=|\boldsymbol{b}|\text{Prj}_{\boldsymbol{b}}\boldsymbol{a}=3\text{Prj}_{\boldsymbol{b}}\boldsymbol{a}$,$\text{Prj}_{\boldsymbol{b}}\boldsymbol{a}=2$.

二、1. A.　2. C.

三、1. 解 由已知得 $\boldsymbol{F}=(0,0,-980)$,$\overrightarrow{M_1M_2}=(-2,3,-6)$,$W=\boldsymbol{F}\cdot\overrightarrow{M_1M_2}=5880$J.

2. 解 因为 $2\boldsymbol{a}+5\boldsymbol{b}$ 与 $\boldsymbol{a}-\boldsymbol{b}$ 垂直,可得
$$(2\boldsymbol{a}+5\boldsymbol{b})\cdot(\boldsymbol{a}-\boldsymbol{b})=0,\quad 即\ 2|\boldsymbol{a}|^2-5|\boldsymbol{b}|^2+3\boldsymbol{a}\cdot\boldsymbol{b}=0.$$
$2\boldsymbol{a}+3\boldsymbol{b}$ 与 $\boldsymbol{a}-5\boldsymbol{b}$ 垂直,可得
$$(2\boldsymbol{a}+3\boldsymbol{b})\cdot(\boldsymbol{a}-5\boldsymbol{b})=0,\quad 即\ 2|\boldsymbol{a}|^2-15|\boldsymbol{b}|^2-7\boldsymbol{a}\cdot\boldsymbol{b}=0.$$
解得 $\boldsymbol{a}\cdot\boldsymbol{b}=-|\boldsymbol{b}|^2$,$|\boldsymbol{a}|=2|\boldsymbol{b}|$,故
$$\cos\theta=\frac{\boldsymbol{a}\cdot\boldsymbol{b}}{|\boldsymbol{a}||\boldsymbol{b}|}=-\frac{1}{2},\quad 即\ \theta=\frac{2}{3}\pi.$$

习题 8-3(1)

一、1. 解 设动点坐标为(x,y,z),据题意得
$$(x-2)^2+(y-3)^2+(z-1)^2=(x-4)^2+(y-5)^2+(z-6)^2,$$
即 $4x+4y+10z-63=0$.

2. 解 $R=\sqrt{1+9+4}=\sqrt{14}$,则球面方程为$(x-1)^2+(y-3)^2+(z+2)^2=14$.

3. 球心在$(1,-2,1)$,半径为$\sqrt{6}$的球面.

4. $x^2+y^2+z^2=9$.

5. $4x^2-9y^2-9z^2=36$;$4x^2-9y^2+4z^2=36$.

二、1. 解 (1) 平面:直线,空间:柱面;
(2) 平面:双曲线,空间:曲面.

2. 解 (1) xOy 面内曲线 $\frac{x^2}{4}+\frac{y^2}{9}=1$ 绕 x 轴旋转一周所得的曲面或 xOz 面内曲线 $\frac{x^2}{4}+\frac{z^2}{9}=1$ 绕 z 轴旋转一周所得的曲面;

(2) xOz 面内直线 $z-a=x$ 绕 z 轴旋转一周所得的曲面或 yOz 面内直线 $z-a=y$ 绕 z 轴旋转一周所得的曲面.

习题 8-3(2)

一、1. 平面 $x=3$ 上的圆 $y^2+z^2=16$.

2. 平面 $y=1$ 上的椭圆 $x^2+9z^2=32$.

3. 平面 $x=-3$ 上的双曲线 $z^2-4y^2=16$.

4. 平面 $y=4$ 上的抛物线 $z^2=4x-24$.

5. 平面 $x=2$ 上的双曲线 $\frac{y^2}{9}-\frac{z^2}{4}=1$.

二、1. B.　2. D.　3. C.　4. A.　5. D.　6. B.

三、解 在 xOy 面上的投影曲线方程为 $\begin{cases} y^2 = 2x - 9, \\ z = 0. \end{cases}$ 原曲线为平面 $z = 3$ 上的抛物线 $y^2 = 2x - 9$.

习题 8-4

一、1. 平面：点 $\left(-\dfrac{4}{3}, -\dfrac{17}{3}\right)$，空间：直线.

2. $\begin{cases} x^2 + y^2 + (1-x)^2 = 9, \\ z = 0. \end{cases}$

3. $\begin{cases} x = 1 + \sqrt{3}\cos t, \\ y = \sqrt{3}\sin t, \\ z = 0 \end{cases}$ $(0 \leqslant t \leqslant 2\pi)$.

二、1. 解 $\begin{cases} x^2 + y^2 = a^2, \\ z = 0, \end{cases}$ $\begin{cases} y = a\sin\dfrac{z}{b}, \\ x = 0, \end{cases}$ $\begin{cases} x = a\cos\dfrac{z}{b}, \\ y = 0. \end{cases}$

2. 解 $\begin{cases} x^2 + y^2 \leqslant ax, \\ z = 0. \end{cases}$

3. 解 $\begin{cases} x^2 + y^2 \leqslant 4, \\ z = 0, \end{cases}$ $\begin{cases} y^2 \leqslant z \leqslant 4, \\ x = 0, \end{cases}$ $\begin{cases} x^2 \leqslant z \leqslant 4, \\ y = 0. \end{cases}$

习题 8-5

一、1. 解 据题意知 $\boldsymbol{n} = (3, -7, 5)$，则所求方程为
$$3(x-3) - 7(y-0) + 5(z+1) = 0, \quad 即 \ 3x - 7y + 5z - 4 = 0.$$

2. 解 设 $\boldsymbol{n} = \overrightarrow{OM_0}$，则所求方程为
$$2(x-2) + 9(y-9) - 6(z+6) = 0, \quad 即 \ 2x + 9y - 6z - 121 = 0.$$

3. 解 $\overrightarrow{AB} = (-3, -3, 3)$, $\overrightarrow{AC} = (0, -2, 3)$，设 $\boldsymbol{n} = \overrightarrow{AB} \times \overrightarrow{AC} = \begin{vmatrix} \boldsymbol{i} & \boldsymbol{j} & \boldsymbol{k} \\ -3 & -3 & 3 \\ 0 & -2 & 3 \end{vmatrix} =$ $(-3, 9, 6)$，则所求方程为
$$-3(x-1) + 9(y-1) + 6(z+1) = 0, \quad 即 \ x - 3y - 2z = 0.$$

4. 解 设 $\boldsymbol{n} = \boldsymbol{a} \times \boldsymbol{b} = \begin{vmatrix} \boldsymbol{i} & \boldsymbol{j} & \boldsymbol{k} \\ 2 & 1 & 1 \\ 1 & -1 & 0 \end{vmatrix} = (1, 1, -3)$，则所求方程为
$$(x-1) + y - 3(z+1) = 0, \quad 即 \ x + y - 3z - 4 = 0.$$

二、B.

三、1. 解 (1) 所求平面平行于 xOz 平面，故设所求平面方程为 $By + D = 0$. 将点 $(2, -5, 3)$ 代入，得
$$-5B + D = 0,$$
即 $D = 5B$. 因此，所求平面方程为
$$By + 5B = 0, \quad 即 \ y + 5 = 0.$$

(2) 所求平面过 z 轴,故设所求平面方程为 $Ax+By=0$.将点 $(-3,1,-2)$ 代入,得
$$-3A+B=0,$$
即 $B=3A$.因此,所求平面方程为
$$Ax+3Ay=0, \quad 即 \quad x+3y=0.$$

(3) 所求平面平行于 x 轴,故设所求平面方程为 $By+Cz+D=0$.将点 $(4,0,-2)$ 及 $(5,1,7)$ 分别代入方程得
$$-2C+D=0 \quad 及 \quad B+7C+D=0,$$
从而解得
$$C=\frac{D}{2}, \quad B=-\frac{9}{2}D.$$
因此,所求平面方程为
$$-\frac{9}{2}Dy+\frac{D}{2}z+D=0, \quad 即 \quad 9y-z-2=0.$$

2. **解** 利用点 $M_0(x_0,y_0,z_0)$ 到平面 $Ax+By+Cz+D=0$ 的距离公式,得
$$d=\frac{|Ax_0+By_0+Cz_0+D|}{\sqrt{A^2+B^2+C^2}}=\frac{|1+4+2-10|}{\sqrt{1+2^2+2^2}}=1.$$

习题 8-6

一、1. **解** 所求直线平行于已知直线 $\frac{x-3}{2}=\frac{y}{1}=\frac{z-1}{5}$,所以所求直线的方向向量为 $(2,1,5)$,又因为所求直线过点 $(4,-1,3)$,因此所求直线方程为
$$\frac{x-4}{2}=\frac{y+1}{1}=\frac{z-3}{5}.$$

2. **解** 设 $\boldsymbol{s}=(1,2,\lambda),\boldsymbol{n}=(3,6,3)$,根据题意知 $\boldsymbol{s}$ 与 $\boldsymbol{n}$ 平行,即
$$\frac{1}{3}=\frac{2}{6}=\frac{\lambda}{3},$$
因此 $\lambda=1$.

3. **解** 设 $\boldsymbol{n}=(1,0,2)\times(0,1,-3)=\begin{vmatrix} \boldsymbol{i} & \boldsymbol{j} & \boldsymbol{k} \\ 1 & 0 & 2 \\ 0 & 1 & -3 \end{vmatrix}=(-2,3,1)$,则直线方程为
$$\frac{x-2}{-2}=\frac{y-4}{3}=z.$$

二、1. B.

解 根据题意可知,所求直线的方向向量为 $\overrightarrow{M_1M_2}=(-4,2,1)$,所以所求直线方程为
$$\frac{x-3}{-4}=\frac{y+2}{2}=\frac{z-1}{1}.$$

2. B.

解 直线 L 的方向向量为 $\boldsymbol{s}=(3,1,-4)$,平面 π 的法向量 $\boldsymbol{n}=(1,1,1)$,则 $\boldsymbol{s}\perp\boldsymbol{n}$,所以直线 L 平行于平面 π;又由于直线 L 上的点 $(2,-2,3)$ 在平面 π 上,所以直线 L 在平面 π 上.

3. C.

解 已知直线的方向向量为

$$n = \begin{vmatrix} i & j & k \\ 1 & -2 & 4 \\ 3 & 5 & -2 \end{vmatrix} = (-16, 14, 11),$$

由于所求平面垂直于已知直线,所以所求平面的法向量为$(-16,14,11)$,因此所求平面方程为$-16(x-2)+14(y-0)+11(z-3)=0$.

4. C.

解 直线L_1的方向向量为$s_1=(1,-2,1)$,直线L_2的方向向量为$s_2 = \begin{vmatrix} i & j & k \\ 1 & -1 & 0 \\ 0 & 2 & 1 \end{vmatrix} = (-1,-1,2)$,所以$L_1$与$L_2$的夹角余弦为

$$\cos\theta = \frac{|-1+2+2|}{\sqrt{1+4+1} \times \sqrt{1+1+4}} = \frac{1}{2},$$

故夹角$\theta = \frac{\pi}{3}$.

三、1. **解** 直线$\begin{cases} 5x-3y+3z-9=0, \\ 3x-2y+z-1=0 \end{cases}$的方向向量$s_1 = \begin{vmatrix} i & j & k \\ 5 & -3 & 3 \\ 3 & -2 & 1 \end{vmatrix} = (3,4,-1)$,直线$\begin{cases} 2x+2y-z+23=0, \\ 3x+8y+z-18=0 \end{cases}$的方向向量$s_2 = \begin{vmatrix} i & j & k \\ 2 & 2 & -1 \\ 3 & 8 & 1 \end{vmatrix} = (10,-5,10)$,因为$s_1 \cdot s_2=0$,所以$\cos\theta = \frac{|s_1 \cdot s_2|}{|s_1||s_2|} = 0$.

2. **解** 过点$(-1,2,0)$作平面的垂线$\frac{x+1}{1} = \frac{y-2}{2} = \frac{z}{-1} = t$,参数方程为$\begin{cases} x=-1+t, \\ y=2+2t, \\ z=-t, \end{cases}$代入平面$x+2y-z+1=0$中得$t=-\frac{2}{3}$,故得投影为$\left(-\frac{5}{3}, \frac{2}{3}, \frac{2}{3}\right)$.

3. **解** 直线$L:\begin{cases} x+y-z+1=0, \\ 2x-y+z-4=0 \end{cases}$的方向向量为$s = \begin{vmatrix} i & j & k \\ 1 & 1 & -1 \\ 2 & -1 & 1 \end{vmatrix} = (0,-3,-3)$,

直线L上的一点可以取为点$Q(1,0,2)$,因此利用公式$d = \frac{|\overrightarrow{PQ} \times s|}{|s|}$,得$d = \frac{\left\| \begin{matrix} i & j & k \\ 2 & -1 & 0 \\ 0 & -3 & -3 \end{matrix} \right\|}{\sqrt{0^2+(-3)^2+(-3)^2}} = \frac{3\sqrt{2}}{2}$.

第9章 多元函数微分法及其应用

习题 9-1

一、1. $\dfrac{x^2}{y^2}$.

解 $f(tx,ty)=\dfrac{(tx)^2}{(ty)^2}$,于是 $f(u,v)=\dfrac{u^2}{v^2}$,所以 $f(x,y)=\dfrac{x^2}{y^2}$.

2. $\arcsin\sqrt{2x^2+2y^2+\ln xy}$.

解 以 $x-y$ 代 x,以 $x+y$ 代 y,以 xy 代 z,于是
$$f(x-y,x+y,xy)=\arcsin\sqrt{(x-y)^2+(x+y)^2+\ln xy}$$
$$=\arcsin\sqrt{2x^2+2y^2+\ln xy}.$$

3. $x^2\dfrac{y-1}{y+1}$.

解 设 $u=x+y, v=\dfrac{x}{y}$,得 $x=\dfrac{uv}{1+v}, y=\dfrac{u}{1+v}$,代回已知函数表达式得 $f(u,v)=u^2\dfrac{v^2-1}{(v+1)^2}$,即 $f(x,y)=x^2\dfrac{y-1}{y+1}$.

4. $\{(x,y)\mid y-x^2>0, x^2+y^2\leqslant 1\}$.

解 显然需满足 $\{(x,y)\mid y-x^2>0, x^2+y^2\leqslant 1\}$.

5. $\{(x,y,z)\mid z^2\leqslant x^2+y^2, x^2+y^2\neq 0\}$.

解 由 $-1\leqslant\dfrac{z}{\sqrt{x^2+y^2}}\leqslant 1$,可得 $\{(x,y,z)\mid z^2\leqslant x^2+y^2, x^2+y^2\neq 0\}$.

二、1. C.

解 选项 A,$1=x^2+y^2$ 上的点不是内点.选项 B 是无界闭域.
选项 C,由区域及无界定义可知选 C.选项 D 是有界的.

2. D.

解 由 $\ln(x+y)\neq 0$ 及 $x+y>0$,解得 $x+y>0$ 且 $x+y\neq 1$.所以选 D.

3. A.

解 由已知 $f(x)=f(y-z)$ 可知,$x=y-z$,即 $z=y-x$.而 $z=F(x,y)$,所以 $F(x,y)=y-x$.所以选 A.

4. C.

解 $\lim\limits_{\substack{x\to 0\\ y\to 0}}\dfrac{2-\sqrt{xy+4}}{xy}=\lim\limits_{\substack{x\to 0\\ y\to 0}}\dfrac{(2-\sqrt{xy+4})(2+\sqrt{xy+4})}{xy(2+\sqrt{xy+4})}=\lim\limits_{\substack{x\to 0\\ y\to 0}}\dfrac{-1}{2+\sqrt{xy+4}}=-\dfrac{1}{4}$,
所以选 C.

5. C.

解 由多元初等函数在其定义区域内为连续的,可知在定义区域外是间断的,故选 C.

习题 9-2

一、1. $f_x(x_0,y_0)$.

解 由 $f(x,y)$ 在 $P(x_0,y_0)$ 处的偏导数定义可得结论.

2. $\dfrac{\pi}{4}$.

解 由 $z_x=\dfrac{x}{2}$,可知 $z_x|_{(2,4,5)}=\dfrac{2}{2}=1$. 即曲线 $\begin{cases} z=\dfrac{x^2+y^2}{4} \\ y=4 \end{cases}$ 在点 $(2,4,5)$ 处的切线对于 x 轴斜率为 1,故倾角为 $\dfrac{\pi}{4}$.

二、1. B.

解 选项 A:$z_x=2xy+y^2$,$z_{xy}=2x+2y$. 选项 B:$z_x=2xy+\mathrm{e}^x$,$z_{xy}=2x$. 选项 C:$z_x=y^2$,$z_{xy}=2y$. 选项 D:$z_x=2x$,$z_{xy}=0$. 所以选 B.

2. D.

解 由 $f(x+y,x-y)=x^2-y^2=(x+y)(x-y)$ 知,$f(x,y)=xy$. 所以 $\dfrac{\partial f(x,y)}{\partial x}+\dfrac{\partial f(x,y)}{\partial y}=y+x$,故选 D.

三、1. **解** $z_x=\dfrac{1}{3}[\ln(xy)]^{-\frac{2}{3}}\cdot[\ln(xy)]_x=\dfrac{1}{3}[\ln(xy)]^{-\frac{2}{3}}\cdot\dfrac{1}{xy}\cdot y=\dfrac{1}{3x\sqrt[3]{[\ln(xy)]^2}}$;

$z_y=\dfrac{1}{3}[\ln(xy)]^{-\frac{2}{3}}\cdot\dfrac{1}{xy}\cdot x=\dfrac{1}{3y\sqrt[3]{[\ln(xy)]^2}}$.

2. **解** $\dfrac{\partial z}{\partial x}=2\sin(xy)[\sin(xy)]_x+\dfrac{1}{\sqrt{1-(x+y)^2}}(x+y)_x$

$=2\sin(xy)\cos(xy)(xy)_x+\dfrac{1}{\sqrt{1-(x+y)^2}}$

$=2\sin(xy)\cos(xy)\cdot y+\dfrac{1}{\sqrt{1-(x+y)^2}}$

$=y\sin(2xy)+\dfrac{1}{\sqrt{1-(x+y)^2}}$,

由所给函数关于自变量的对称性,可得

$$\dfrac{\partial z}{\partial y}=x\sin(2xy)+\dfrac{1}{\sqrt{1-(x+y)^2}}.$$

3. 解 $\dfrac{\partial u}{\partial x} = \dfrac{y}{z} x^{\frac{y}{z}-1}$；$\dfrac{\partial u}{\partial y} = x^{\frac{y}{z}} \ln x \left(\dfrac{y}{z}\right)_y = \dfrac{1}{z} x^{\frac{y}{z}} \ln x$；

$$\dfrac{\partial u}{\partial z} = x^{\frac{y}{z}} \ln x \left(\dfrac{y}{z}\right)_z = -\dfrac{y}{z^2} x^{\frac{y}{z}} \ln x.$$

4. 解 $\dfrac{\partial u}{\partial x} = \dfrac{1}{1+[(x-y)^{\ln z}]^2} \cdot [(x-y)^{\ln z}]_x = \dfrac{1}{1+[(x-y)^{\ln z}]^2} \cdot (\ln z)(x-y)^{\ln z-1}(x-y)_x$

$$= \dfrac{1}{1+[(x-y)^{\ln z}]^2} \cdot (\ln z)(x-y)^{\ln z-1} = \dfrac{(\ln z)(x-y)^{\ln z-1}}{1+(x-y)^{2\ln z}};$$

$\dfrac{\partial u}{\partial y} = \dfrac{1}{1+[(x-y)^{\ln z}]^2} \cdot [(x-y)^{\ln z}]_y = \dfrac{1}{1+[(x-y)^{\ln z}]^2} \cdot (\ln z)(x-y)^{\ln z-1}(x-y)_y$

$$= \dfrac{1}{1+[(x-y)^{\ln z}]^2} \cdot (\ln z)(x-y)^{\ln z-1} \cdot (-1) = -\dfrac{(\ln z)(x-y)^{\ln z-1}}{1+(x-y)^{2\ln z}};$$

$\dfrac{\partial u}{\partial z} = \dfrac{1}{1+[(x-y)^{\ln z}]^2} \cdot (x-y)^{\ln z} \cdot \ln(x-y) \cdot \dfrac{1}{z} = \dfrac{[\ln(x-y)](x-y)^{\ln z}}{z[1+(x-y)^{2\ln z}]}.$

5. 解 方法 1 由复合函数求导法则可知

$$f_x(x,y) = 1 + (y-1) \dfrac{\dfrac{1}{2}\left(\dfrac{x}{y}\right)^{-\frac{1}{2}} \dfrac{1}{y}}{\sqrt{1 - \left(\sqrt{\dfrac{x}{y}}\right)^2}},$$

再代入 $x=x, y=1$，得 $f_x(x,1)=1$.

方法 2 先代入 $y=1$ 得 $f(x,1) = x + (1-1)\arcsin\sqrt{\dfrac{x}{1}} = x$，再求导得 $f_x(x,1)=1$.

6. 解 $z_x = [\sin(x+y)]_x e^{xy} + (e^{xy})_x \sin(x+y) = \cos(x+y)e^{xy} + ye^{xy}\sin(x+y)$；

$z_y = \cos(x+y)e^{xy} + xe^{xy}\sin(x+y).$

$$z_x \Big|_{\substack{x=1\\y=-1}} = \dfrac{1}{e}, \quad z_y \Big|_{\substack{x=1\\y=-1}} = \dfrac{1}{e}.$$

7. 解 $z_x = yx^{y-1} + \dfrac{y}{xy} = yx^{y-1} + \dfrac{1}{x}$；$z_y = x^y \ln x + \dfrac{x}{xy} = x^y \ln x + \dfrac{1}{y}$.

$$z_x \Big|_{\substack{x=1\\y=2}} = 3, \quad z_y \Big|_{\substack{x=1\\y=2}} = \dfrac{1}{2}.$$

四、1. 解 $z_x = \dfrac{1}{1+\left(\dfrac{x}{y}\right)^2} \cdot \left(\dfrac{x}{y}\right)_x = \dfrac{1}{1+\left(\dfrac{x}{y}\right)^2} \cdot \dfrac{1}{y} = \dfrac{y}{x^2+y^2}$；

$z_y = \dfrac{1}{1+\left(\dfrac{x}{y}\right)^2} \cdot \dfrac{-x}{y^2} = \dfrac{-x}{x^2+y^2}.$

$\dfrac{\partial^2 z}{\partial x^2} = \dfrac{\partial \left(\dfrac{y}{x^2+y^2}\right)}{\partial x} = -\dfrac{y(x^2+y^2)_x}{(x^2+y^2)^2} = -\dfrac{2xy}{(x^2+y^2)^2}$；

$$\frac{\partial^2 z}{\partial x \partial y} = \frac{\partial \left(\frac{y}{x^2+y^2}\right)}{\partial y} = \frac{(x^2+y^2) - y(x^2+y^2)_y}{(x^2+y^2)^2} = \frac{x^2-y^2}{(x^2+y^2)^2};$$

$$\frac{\partial^2 z}{\partial y^2} = \frac{\partial \left(\frac{-x}{x^2+y^2}\right)}{\partial y} = \frac{2xy}{(x^2+y^2)^2}, \quad \frac{\partial^2 z}{\partial y \partial x} = \frac{x^2-y^2}{(x^2+y^2)^2}.$$

2. **解** $z_x = y^x \ln y$；$z_y = xy^{x-1}$.

$\frac{\partial^2 z}{\partial x^2} = y^x (\ln y)^2$；　　　　$\frac{\partial^2 z}{\partial x \partial y} = y^{x-1}(x \ln y + 1)$；

$\frac{\partial^2 z}{\partial y^2} = x(x-1)y^{x-2}$；　　$\frac{\partial^2 z}{\partial y \partial x} = y^{x-1}(x \ln y + 1)$.

3. **解** $\frac{\partial z}{\partial x} = \ln(xy) + x \cdot \frac{1}{xy} \cdot y = \ln(xy) + 1, \frac{\partial z}{\partial y} = x \cdot \frac{1}{xy} \cdot x = \frac{x}{y}$.

$\frac{\partial^2 z}{\partial x^2} = \frac{1}{xy} \cdot y = \frac{1}{x}$；　　　$\frac{\partial^2 z}{\partial x \partial y} = \frac{1}{xy} \cdot x = \frac{1}{y}$；

$\frac{\partial^2 z}{\partial y^2} = -\frac{x}{y^2}$；　　　　　$\frac{\partial^2 z}{\partial y \partial x} = \frac{1}{y}(x)' = \frac{1}{y}$.

习题 9-3

一、1. $\left(y - \frac{y}{x^2}\right)\mathrm{d}x + \left(x + \frac{1}{x}\right)\mathrm{d}y$.

解 由于 $z_x = y - \frac{y}{x^2}, z_y = x + \frac{1}{x}$，所以 $\mathrm{d}z = \left(y - \frac{y}{x^2}\right)\mathrm{d}x + \left(x + \frac{1}{x}\right)\mathrm{d}y$.

2. $\frac{1}{y}\mathrm{e}^{\frac{x}{y}}\left(\mathrm{d}x - \frac{x}{y}\mathrm{d}y\right)$.

解 由 $z_x = \frac{1}{y}\mathrm{e}^{\frac{x}{y}}$，$z_y = -\frac{x}{y^2}\mathrm{e}^{\frac{x}{y}}$ 知，$\mathrm{d}z = \frac{1}{y}\mathrm{e}^{\frac{x}{y}}\left(\mathrm{d}x - \frac{x}{y}\mathrm{d}y\right)$.

3. $yz^{xy}\ln z\,\mathrm{d}x + xz^{xy}\ln z\,\mathrm{d}y + xyz^{xy-1}\mathrm{d}z$.

解 $\frac{\partial u}{\partial x} = yz^{xy}\ln z$，$\frac{\partial u}{\partial y} = xz^{xy}\ln z$，$\frac{\partial u}{\partial z} = xyz^{xy-1}$，所以

$$\mathrm{d}u = yz^{xy}\ln z\,\mathrm{d}x + xz^{xy}\ln z\,\mathrm{d}y + xyz^{xy-1}\mathrm{d}z.$$

二、1. C.

解 由偏导数存在，可微及连续的关系知，可微偏导数必存在，偏导存在不一定可微，而连续偏导一定存在，偏导数存在也不一定连续. 于是 A、B、D 错误，由偏导数定义知，选项 C 正确.

2. B.

解 由教材中知识点得选项 B 正确.

三、**解** 因为 $z_x = \frac{2x}{1+x^2+y^2}$，$z_y = \frac{2y}{1+x^2+y^2}$，

$$z_x\bigg|_{\substack{x=1\\y=2}} = \frac{2}{6} = \frac{1}{3}, \quad z_y\bigg|_{\substack{x=1\\y=2}} = \frac{4}{6} = \frac{2}{3},$$

所以 $dz\big|_{\substack{x=1\\y=2}} = \dfrac{1}{3}dx + \dfrac{2}{3}dy$.

习题 9-4

一、1. $\dfrac{\partial z}{\partial x} = 2(x+y)+1$；$\dfrac{\partial z}{\partial y} = 2(x+y)-1$.

解 将 $u = x+y$，$v = x-y$ 代入 $z = u^2 + v$ 得 $z = x^2 + y^2 + 2xy + x - y$，所以 $\dfrac{\partial z}{\partial x} = 2(x+y)+1$；$\dfrac{\partial z}{\partial y} = 2(x+y)-1$.

2. $e^{\sin t - 2t^2}(\cos t - 4t)$.

解 将 $x = \sin t$，$y = t^2$ 代入 $z = e^{x-2y}$，得 $z = e^{\sin t - 2t^2}$，因此 $\dfrac{dz}{dt} = e^{\sin t - 2t^2}(\cos t - 4t)$.

3. $e^{ax}\sin x$.

解 $\dfrac{du}{dx} = \dfrac{\partial u}{\partial x} + \dfrac{\partial u}{\partial y} \cdot \dfrac{dy}{dx} + \dfrac{\partial u}{\partial z} \cdot \dfrac{dz}{dx}$

$= \dfrac{a e^{ax}(y-z)}{1+a^2} + \dfrac{e^{ax}}{1+a^2} a\cos x - \dfrac{e^{ax}}{1+a^2}(-\sin x)$

$= \dfrac{e^{ax}}{1+a^2}(a^2 \sin x - a\cos x + a\cos x + \sin x)$

$= e^{ax}\sin x$.

4. $\dfrac{\partial z}{\partial u} = \dfrac{-v}{u^2+v^2}$；$\dfrac{\partial z}{\partial v} = \dfrac{u}{u^2+v^2}$.

解 $\dfrac{\partial z}{\partial u} = \dfrac{\partial z}{\partial x} \cdot \dfrac{\partial x}{\partial u} + \dfrac{\partial z}{\partial y} \cdot \dfrac{\partial y}{\partial u} = \dfrac{y}{x^2+y^2} - \dfrac{x}{x^2+y^2} = \dfrac{-v}{u^2+v^2}$；

$\dfrac{\partial z}{\partial v} = \dfrac{\partial z}{\partial x} \cdot \dfrac{\partial x}{\partial v} + \dfrac{\partial z}{\partial y} \cdot \dfrac{\partial y}{\partial v} = \dfrac{y}{x^2+y^2} - \dfrac{x}{x^2+y^2} \cdot (-1) = \dfrac{u}{u^2+v^2}$.

二、1. B.

解 将 $x = 2t$，$y = 3t^2$ 代入 $z = \arcsin(x-y)$，则 $z = \arcsin(2t - 3t^2)$. 所以 $\dfrac{dz}{dt} = \dfrac{2(1-3t)}{\sqrt{1-(2t-3t^2)^2}}$，选 B.

2. C.

解 由多元函数求偏导及一元复合函数求导法则得 $\dfrac{\partial z}{\partial x} = y + F(u) - \dfrac{y}{x}F'(u)$. 故选 C.

三、**解** 设 $u = x^2 - y^2$，$v = e^{xy}$，则 $z = f(u,v)$. 由多元复合函数链式法则可知

$\dfrac{\partial z}{\partial x} = \dfrac{\partial f}{\partial u} \cdot \dfrac{\partial u}{\partial x} + \dfrac{\partial f}{\partial v} \cdot \dfrac{\partial v}{\partial x} = 2x f_1' + y e^{xy} f_2'$；

$\dfrac{\partial z}{\partial y} = \dfrac{\partial f}{\partial u} \cdot \dfrac{\partial u}{\partial y} + \dfrac{\partial f}{\partial v} \cdot \dfrac{\partial v}{\partial y} = -2y f_1' + x e^{xy} f_2'$.

$$\frac{\partial^2 z}{\partial x \partial y} = \frac{\partial \left(\frac{\partial z}{\partial x}\right)}{\partial y} = 2x\frac{\partial f'_1}{\partial y} + e^{xy} f'_2 + yxe^{xy} f'_2 + ye^{xy}\frac{\partial f'_2}{\partial y},$$

其中

$$\frac{\partial f'_1}{\partial y} = \frac{\partial f'_1}{\partial u} \cdot \frac{\partial u}{\partial y} + \frac{\partial f'_1}{\partial v} \cdot \frac{\partial v}{\partial y} = -2yf''_{11} + xe^{xy} f''_{12},$$

$$\frac{\partial f'_2}{\partial y} = \frac{\partial f'_2}{\partial u} \cdot \frac{\partial u}{\partial y} + \frac{\partial f'_2}{\partial v} \cdot \frac{\partial v}{\partial y} = -2yf''_{21} + xe^{xy} f''_{22}.$$

因此 $\dfrac{\partial^2 z}{\partial x \partial y} = -4xy f''_{11} + 2(x^2 - y^2)e^{xy} f''_{12} + xye^{2xy} f''_{22} + (1+xy)e^{xy} f'_2.$

四、解 $\dfrac{\partial z}{\partial x} = f'(x + x^2 y^2) \cdot (1 + 2xy^2), \dfrac{\partial z}{\partial y} = f'(x + x^2 y^2) \cdot 2yx^2;$

$$\frac{\partial^2 z}{\partial x^2} = f'(x + x^2 y^2) \cdot 2y^2 + (1 + 2xy^2)^2 f''(x + x^2 y^2).$$

五、解 由多元复合函数求导链式法则可知

$$\frac{\partial z}{\partial x} = \frac{\partial z}{\partial u} \cdot \frac{du}{dx} + \frac{\partial z}{\partial w} \cdot \frac{\partial w}{\partial x} = v \cdot 2x + \frac{1}{1+w^2} \cdot 1 = 2xe^y + \frac{1}{1+(x+y)^2};$$

$$\frac{\partial z}{\partial y} = \frac{\partial z}{\partial v} \cdot \frac{dv}{dy} + \frac{\partial z}{\partial w} \cdot \frac{\partial w}{\partial y} = ue^y + \frac{1}{1+w^2} \cdot 1 = x^2 e^y + \frac{1}{1+(x+y)^2}.$$

所以 $dz = \left[2xe^y + \dfrac{1}{1+(x+y)^2}\right]dx + \left[x^2 e^y + \dfrac{1}{1+(x+y)^2}\right]dy.$

习题 9-5

一、1. 解 设 $F(x,y) = \sin x + e^x - x^2 y$,则 $F_x = \cos x + e^x - 2xy, F_y = -x^2$,由隐函数求导公式,有 $\dfrac{dy}{dx} = -\dfrac{F_x}{F_y} = \dfrac{\cos x + e^x - 2xy}{x^2}.$

2. 解 设 $F(x,y,z) = \dfrac{x}{z} - \ln\dfrac{y}{z} = \dfrac{x}{z} - \ln y + \ln z$,则 $F_x = \dfrac{1}{z}, F_y = -\dfrac{1}{y}, F_z = \dfrac{-x}{z^2} + \dfrac{1}{z} = \dfrac{z-x}{z^2}.$ 由隐函数求导公式,有

$$\frac{\partial z}{\partial x} = -\frac{F_x}{F_z} = -\frac{\frac{1}{z}}{\frac{z-x}{z^2}} = \frac{z}{x-z}, \quad \frac{\partial z}{\partial y} = -\frac{F_y}{F_z} = -\frac{-\frac{1}{y}}{\frac{z-x}{z^2}} = \frac{z^2}{zy-xy};$$

$$\frac{\partial^2 z}{\partial x \partial y} = \frac{\partial}{\partial y}\left(\frac{z}{x-z}\right) = \frac{\frac{\partial z}{\partial y}(x-z) + \frac{\partial z}{\partial y}z}{(x-z)^2} = \frac{\frac{\partial z}{\partial y}x}{(x-z)^2} = \frac{xz^2}{y(z-x)^3}.$$

二、解 设 $F(x,y,z) = 2\sin(x+2y-3z) - x - 2y + 3z$,则 $F_x = 2\cos(x+2y-3z) - 1, F_y = 4\cos(x+2y-3z) - 2, F_z = -6\cos(x+2y-3z) + 3.$ 由隐函数求导公式,有

$$\frac{\partial z}{\partial x} = -\frac{F_x}{F_z} = -\frac{2\cos(x+2y-3z) - 1}{-6\cos(x+2y-3z) + 3} = \frac{1}{3},$$

$$\frac{\partial z}{\partial y} = -\frac{F_y}{F_z} = -\frac{4\cos(x+2y-3z)-2}{-6\cos(x+2y-3z)+3} = \frac{2}{3},$$

因此 $\frac{\partial z}{\partial x} + \frac{\partial z}{\partial y} = 1$.

三、解 设 $F(x,y,z) = z^3 - 3xyz - a^3$, 则 $F_x = -3yz, F_y = -3xz, F_z = 3z^2 - 3xy$.

$$\frac{\partial z}{\partial x} = -\frac{F_x}{F_z} = -\frac{-3yz}{3z^2 - 3xy} = \frac{yz}{z^2 - xy},$$

$$\frac{\partial z}{\partial y} = -\frac{F_y}{F_z} = -\frac{-3xz}{3z^2 - 3xy} = \frac{xz}{z^2 - xy}.$$

所以

$$\frac{\partial^2 z}{\partial x \partial y} = \frac{\partial}{\partial y}\left(\frac{yz}{z^2 - xy}\right) = \frac{(yz)_y(z^2 - xy) - yz(z^2 - xy)_y}{(z^2 - xy)^2}$$

$$= \frac{z(z^2 - xy) + \frac{\partial z}{\partial y}y(z^2 - xy) - yz\left(2z\frac{\partial z}{\partial y} - x\right)}{(z^2 - xy)^2}$$

$$= \frac{z^3 - \frac{\partial z}{\partial y}y(z^2 + xy)}{(z^2 - xy)^2} = \frac{z^5 - 2xyz^3 - x^2y^2z}{(z^2 - xy)^3}.$$

四、解 方程组左右两边同时对 x 求导得 $\begin{cases} \dfrac{dz}{dx} = 2x + 2y\dfrac{dy}{dx}, \\ 2x + 4y\dfrac{dy}{dx} + 6z\dfrac{dz}{dx} = 0, \end{cases}$ 移项得

$\begin{cases} 2y\dfrac{dy}{dx} - \dfrac{dz}{dx} = -2x, \\ 4y\dfrac{dy}{dx} + 6z\dfrac{dz}{dx} = -2x, \end{cases}$ 由此得

$$\frac{dy}{dx} = \frac{\begin{vmatrix} -2x & -1 \\ -2x & 6z \end{vmatrix}}{\begin{vmatrix} 2y & -1 \\ 4y & 6z \end{vmatrix}} = -\frac{x + 6xz}{2y + 6yz}, \quad \frac{dz}{dx} = \frac{\begin{vmatrix} 2y & -2x \\ 4y & -2x \end{vmatrix}}{\begin{vmatrix} 2y & -1 \\ 4y & 6z \end{vmatrix}} = \frac{x}{3z + 1}.$$

习题 9-6

一、1. $(1,1,2)$.

解 由曲面表达式得 $z_x = -2x, z_y = -2y$, 设点 P 的坐标为 (x_0, y_0, z_0), 所以在该点处切平面的法向量为 $\boldsymbol{n} = (z_x, z_y, -1)|_{(x_0, y_0, z_0)} = (-2x_0, -2y_0, -1)$. 由已知切平面平行于平面 $2x + 2y + z - 1 = 0$, 所以 $\dfrac{-2x_0}{2} = \dfrac{-2y_0}{2} = \dfrac{-1}{1}$. 解得 $x_0 = 1, y_0 = 1$, 代回曲面方程得这点坐标为 $(1,1,2)$.

2. $\left(0, \sqrt{\dfrac{2}{5}}, \sqrt{\dfrac{3}{5}}\right)$.

解 曲线绕 y 轴旋转一周所得的曲面方程为 $3x^2 + 3z^2 + 2y^2 = 12$, 设 $F(x,y,z) = 3x^2 +$

$3z^2+2y^2-12$,则
$$F_x(0,\sqrt{3},\sqrt{2})=0, \quad F_y(0,\sqrt{3},\sqrt{2})=4\sqrt{3}, \quad F_z(0,\sqrt{3},\sqrt{2})=6\sqrt{2},$$
所以曲面在点 $M(0,\sqrt{3},\sqrt{2})$ 处的指向外侧的法向量为 $(0,4\sqrt{3},6\sqrt{2})$,单位化得 $\left(0,\sqrt{\dfrac{2}{5}},\sqrt{\dfrac{3}{5}}\right)$.

二、1. C.

解 $\dfrac{dy}{dx}=e^x$, $\dfrac{dz}{dx}=1-\sin x$,所以在点 $(0,1,1)$ 处切线的切向量为 $\boldsymbol{T}=\left(1,\dfrac{dy}{dx},\dfrac{dz}{dx}\right)\Big|_{x=0}=(1,1,1)$.切线方程为 $\dfrac{x}{1}=\dfrac{y-1}{1}=\dfrac{z-1}{1}$,故选 C.

2. A.

解 设 $F(x,y,z)=xyz-1$,在任意点 (x_0,y_0,z_0) 处偏导数为 $F_x(x_0,y_0,z_0)=y_0z_0$, $F_y(x_0,y_0,z_0)=x_0z_0$, $F_z(x_0,y_0,z_0)=y_0x_0$,故曲面的切平面的法向量 $\boldsymbol{n}=(y_0z_0,x_0z_0,x_0y_0)$.而平面 $x+y+z+3=0$ 的切平面法向量为 $(1,1,1)$,因为切平面平行于平面 $x+y+z+3=0$,所以 $\dfrac{y_0z_0}{1}=\dfrac{x_0z_0}{1}=\dfrac{y_0x_0}{1}$.解得 $x_0=y_0=z_0=1$,即切平面方程为 $x+y+z-3=0$.

三、计算题

1. **解** 方程组左右两边同时对 x 求导得 $\begin{cases} 2x+2y\dfrac{dy}{dx}+2z\dfrac{dz}{dx}-3=0, \\ 2-3\dfrac{dy}{dx}+5\dfrac{dz}{dx}=0, \end{cases}$ 移项得

$\begin{cases} 2y\dfrac{dy}{dx}+2z\dfrac{dz}{dx}=3-2x, \\ -3\dfrac{dy}{dx}+5\dfrac{dz}{dx}=-2, \end{cases}$ 解得

$$\dfrac{dy}{dx}=\dfrac{\begin{vmatrix} 3-2x & 2z \\ -2 & 5 \end{vmatrix}}{\begin{vmatrix} 2y & 2z \\ -3 & 5 \end{vmatrix}}=\dfrac{15-10x+4z}{10y+6z}, \quad \dfrac{dz}{dx}=\dfrac{\begin{vmatrix} 2y & 3-2x \\ -3 & -2 \end{vmatrix}}{\begin{vmatrix} 2y & 2z \\ -3 & 5 \end{vmatrix}}=\dfrac{-4y+9-6x}{10y+6z}.$$

$\dfrac{dy}{dx}\Big|_{(1,1,1)}=\dfrac{9}{16}, \dfrac{dz}{dx}\Big|_{(1,1,1)}=-\dfrac{1}{16}$.

从而 $\boldsymbol{T}=\left(1,\dfrac{9}{16},-\dfrac{1}{16}\right)$.所以切线方程为

$$\dfrac{x-1}{1}=\dfrac{y-1}{\dfrac{9}{16}}=\dfrac{z-1}{-\dfrac{1}{16}},$$

即 $\dfrac{x-1}{16}=\dfrac{y-1}{9}=\dfrac{z-1}{-1}$.法平面方程为

$$(x-1)+\dfrac{9}{16}(y-1)-\dfrac{1}{16}(z-1)=0,$$

即 $16x+9y-z-24=0$.

2. 解 设 $f(x,y)=x^2+y^2-1$,则 $\boldsymbol{n}=(f_x,f_y,-1)=(2x,2y,-1)$,于是 $\boldsymbol{n}|_{(2,1,4)}=(4,2,-1)$. 所以在点 $(2,1,4)$ 处的切平面方程为
$$4(x-2)+2(y-1)-(z-4)=0,$$
即 $4x+2y-z-6=0$. 法线方程为 $\dfrac{x-2}{4}=\dfrac{y-1}{2}=\dfrac{z-4}{-1}$.

四、证 设曲面上任意一点为 (x_0,y_0,z_0),$F(x,y,z)=\sqrt{x}+\sqrt{y}+\sqrt{z}-\sqrt{a}$,则
$$F_x(x_0,y_0,z_0)=\frac{1}{2\sqrt{x_0}},\quad F_y(x_0,y_0,z_0)=\frac{1}{2\sqrt{y_0}},\quad F_z(x_0,y_0,z_0)=\frac{1}{2\sqrt{z_0}}.$$
所以切平面方程为 $\dfrac{x-x_0}{2\sqrt{x_0}}+\dfrac{y-y_0}{2\sqrt{y_0}}+\dfrac{z-z_0}{2\sqrt{z_0}}=0$,即 $\dfrac{x-x_0}{\sqrt{x_0}}+\dfrac{y-y_0}{\sqrt{y_0}}+\dfrac{z-z_0}{\sqrt{z_0}}=0$. 移项得
$$\frac{x}{\sqrt{x_0}}+\frac{y}{\sqrt{y_0}}+\frac{z}{\sqrt{z_0}}=\sqrt{x_0}+\sqrt{y_0}+\sqrt{z_0}=\sqrt{a},$$
化为截距式为 $\dfrac{x}{\sqrt{ax_0}}+\dfrac{y}{\sqrt{ay_0}}+\dfrac{z}{\sqrt{az_0}}=1$. 在各坐标轴截距为 $\sqrt{ax_0},\sqrt{ay_0},\sqrt{az_0}$,截距之和为 $\sqrt{ax_0}+\sqrt{ay_0}+\sqrt{az_0}=a$.

习题 9-7

一、1. $1-\sqrt{3}$.

解 因为
$$\frac{\partial u}{\partial x}=2x,\quad \frac{\partial u}{\partial y}=-2y,\quad \frac{\partial u}{\partial x}\bigg|_{(1,1)}=2,\quad \frac{\partial u}{\partial y}\bigg|_{(1,1)}=-2,$$
所以
$$\frac{\partial u}{\partial l}\bigg|_{(1,1)}=\frac{\partial u}{\partial x}\bigg|_{(1,1)}\cos\alpha+\frac{\partial u}{\partial y}\bigg|_{(1,1)}\cos\beta=2\cos\frac{\pi}{3}+(-2)\sin\frac{\pi}{3}=1-\sqrt{3}.$$

2. $\dfrac{f'(r)}{r}\boldsymbol{r}$.

解 $\dfrac{\partial}{\partial x}f(r)=f'(r)\dfrac{1}{2\sqrt{x^2+y^2+z^2}}\cdot 2x=f'(r)\dfrac{x}{\sqrt{x^2+y^2+z^2}}$;

$\dfrac{\partial}{\partial y}f(r)=f'(r)\dfrac{1}{2\sqrt{x^2+y^2+z^2}}\cdot 2y=f'(r)\dfrac{y}{\sqrt{x^2+y^2+z^2}}$;

$\dfrac{\partial}{\partial z}f(r)=f'(r)\dfrac{1}{2\sqrt{x^2+y^2+z^2}}\cdot 2z=f'(r)\dfrac{z}{\sqrt{x^2+y^2+z^2}}$;

$\mathrm{grad}f(r)=\left(\dfrac{f'(r)\cdot x}{\sqrt{x^2+y^2+z^2}},\dfrac{f'(r)\cdot y}{\sqrt{x^2+y^2+z^2}},\dfrac{f'(r)\cdot z}{\sqrt{x^2+y^2+z^2}}\right)$

$\qquad\quad=\dfrac{f'(r)}{\sqrt{x^2+y^2+z^2}}(x,y,z)=\dfrac{f'(r)}{r}\boldsymbol{r}.$

二、解 从点 $(5,1,2)$ 到点 $(9,4,14)$ 方向的方向向量为 $\boldsymbol{l}=(9-5,4-1,14-2)=(4,3,12)$,则

$$\cos\alpha = \frac{4}{\sqrt{4^2+3^2+12^2}} = \frac{4}{13}, \quad \cos\beta = \frac{3}{\sqrt{4^2+3^2+12^2}} = \frac{3}{13},$$

$$\cos\gamma = \frac{12}{\sqrt{4^2+3^2+12^2}} = \frac{12}{13},$$

而

$$\left.\frac{\partial u}{\partial x}\right|_{(5,1,2)} = y^2 z\,|_{(5,1,2)} = 2, \quad \left.\frac{\partial u}{\partial y}\right|_{(5,1,2)} = 2xyz\,|_{(5,1,2)} = 20,$$

$$\left.\frac{\partial u}{\partial z}\right|_{(5,1,2)} = xy^2\,|_{(5,1,2)} = 5, \quad \left.\frac{\partial u}{\partial l}\right|_{(5,1,2)} = \frac{4}{13}\times 2 + \frac{3}{13}\times 20 + \frac{12}{13}\times 5 = \frac{128}{13}.$$

习题 9-8

一、1. **答** $f(x,y)$ 在点 (x_0,y_0) 偏导数存在,且 $f_x(x_0,y_0)=0$, $f_y(x_0,y_0)=0$.

2. **答** 不一定. 例如 $z=\sqrt{x^2+y^2}$ 在 $(0,0)$ 处取得,但点 $(0,0)$ 不是驻点.

3. **答** 无条件极值是对于函数的自变量,除了限制在函数的定义域内以外,并无其他条件. 而条件极值是指对自变量有附加条件的极值.

二、**解** 由 $\begin{cases} f_x = 3x^2-8x+2y=0, \\ f_y = 2x-2y=0, \end{cases}$ 解得驻点为 $(2,2)$, $(0,0)$. $f_{xx}=6x-8$, $f_{xy}=2$, $f_{yy}=-2$.

在点 $(0,0)$ 处,$A=-8<0$, $B=2$, $C=-2$, $AC-B^2=12>0$,所以函数在 $(0,0)$ 处有极大值 $f(0,0)=0$;

在点 $(2,2)$ 处,$A=4$, $B=2$, $C=-2$, $AC-B^2<0$,所以函数在 $(2,2)$ 处不是极值.

三、**解** 设长方体长宽高分别为 x,y,z,则 $x+y+z=3a$,体积为 $V=xyz$. 构造拉格朗日函数 $L(x,y,z)=xyz+\lambda(x+y+z-3a)$,则

$$\begin{cases} L_x = yz+\lambda=0, \\ L_y = xz+\lambda=0, \\ L_z = xy+\lambda=0, \\ x+y+z=3a, \end{cases}$$

解得 $x=y=z=a$ 为唯一的极值点,即为最大值点,即具有最大体积长方体的棱长均为 a,最大体积为 a^3.

四、**解** 设水池的长宽高分别为 x,y,z,则 $xyz=k$,表面积为 $S=xy+2xz+2yz$. 构造拉格朗日函数为 $L(x,y,z)=xy+2xz+2yz+\lambda(xyz-k)$,则

$$\begin{cases} L_x = y+2z+yz\lambda=0, \\ L_y = x+2z+xz\lambda=0, \\ L_z = 2x+2y+xy\lambda=0, \\ xyz=k, \end{cases}$$

解得 $x=y=\sqrt[3]{2k}$, $z=\sqrt[3]{\dfrac{k}{4}}$. 即长和宽均为 $\sqrt[3]{2k}$,高为 $\dfrac{1}{2}\sqrt[3]{2k}$ 的水池表面积最小.

总习题 9

一、1. $\dfrac{y}{x^2-2y}$.

解 设 $u=x+y$, $v=xy$, 则 $f(x+y,xy)=\dfrac{xy}{(x+y)^2-2xy}$, $f(u,v)=\dfrac{v}{u^2-2v}$, 即 $f(x,y)=\dfrac{y}{x^2-2y}$.

2. $-\dfrac{2x\varphi'}{\varphi^2}$.

3. $\{(x,y)\,|\,|x|\leqslant 1,|y|\geqslant 1\}$.

解 由 $\begin{cases}1-x^2\geqslant 0,\\ y^2-1\geqslant 0\end{cases}$ 得 $\{(x,y)\,|\,|x|\leqslant 1,|y|\geqslant 1\}$.

4. $\mathrm{d}x+\mathrm{d}y$.

解 因为 $z_x=\dfrac{2x}{x^2+y^2}$, $z_y=\dfrac{2y}{x^2+y^2}$, 所以 $z_x(1,1)=1$, $z_y(1,1)=1$. 因此 $\mathrm{d}z\big|_{x=1,y=1}=\mathrm{d}x+\mathrm{d}y$.

5. $-\dfrac{1}{2}(x-1)+\dfrac{1}{2}(y-1)-\left(z-\dfrac{\pi}{4}\right)=0$.

解 因为 $z_x=\dfrac{-y}{x^2+y^2}$, $z_y=\dfrac{x}{x^2+y^2}$, 所以 $z_x\big|_{(1,1,\frac{\pi}{4})}=-\dfrac{1}{2}$, $z_y\big|_{(1,1,\frac{\pi}{4})}=\dfrac{1}{2}$, 从而切向量 $\boldsymbol{T}=\left(-\dfrac{1}{2},\dfrac{1}{2},-1\right)$, 所以切平面方程为

$$-\dfrac{1}{2}(x-1)+\dfrac{1}{2}(y-1)-\left(z-\dfrac{\pi}{4}\right)=0.$$

二、1. B.

解 由 $\begin{cases}z_x=3x^2-3y=0,\\ z_y=3y^2-3x=0,\end{cases}$ 解得 $(0,0)$ 和 $(1,1)$. 故选 B.

2. D.

解 由 $\begin{cases}z_x=2x=0,\\ z_y=-2y=0,\end{cases}$ 解得驻点为 $(0,0)$. $z_{xx}=2$, $z_{xy}=0$, $z_{yy}=-2$. 在点 $(0,0)$ 处, $A=2$, $B=0$, $C=-2$, $AC-B^2<0$, 所以 $f(0,0)$ 不是极值, 故选 D.

3. C.

解 $\dfrac{\partial z}{\partial x}=f'\cdot\dfrac{-y}{x^2}$, $\dfrac{\partial^2 z}{\partial x\partial y}=-\dfrac{1}{x^2}\left(\dfrac{y}{x}f''+f'\right)$, 故选 C.

4. A.

解 由可微知偏导一定存在, 但偏导数存在不一定可微, 故选 A.

三、**解** $\dfrac{\partial z}{\partial x}=\dfrac{\partial f}{\partial u}\cdot\dfrac{\partial u}{\partial x}+\dfrac{\partial f}{\partial x}=f_1'\mathrm{e}^y+f_2'$.

$\dfrac{\partial^2 z}{\partial x\partial y}=\dfrac{\partial(f_1'\mathrm{e}^y)}{\partial y}+\dfrac{\partial(f_2')}{\partial y}=\dfrac{\partial(f_1')}{\partial y}\mathrm{e}^y+\mathrm{e}^y f_1'+\dfrac{\partial(f_2')}{\partial y}$,

其中
$$\frac{\partial f'_1}{\partial y}=\frac{\partial f'_1}{\partial u}\cdot\frac{\partial u}{\partial y}+\frac{\partial f'_1}{\partial y}=f''_{11}x\mathrm{e}^y+f''_{13},\quad \frac{\partial f'_2}{\partial y}=\frac{\partial f'_2}{\partial u}\cdot\frac{\partial u}{\partial y}+\frac{\partial f'_2}{\partial y}=f''_{21}x\mathrm{e}^y+f''_{23},$$

所以 $\dfrac{\partial^2 z}{\partial x \partial y}=\mathrm{e}^y f'_1+x\mathrm{e}^{2y}f''_{11}+\mathrm{e}^y f''_{13}+x\mathrm{e}^y f''_{21}+f''_{23}.$

四、解 两边分别对 x,y 求偏导，得
$$\begin{cases} 1=\mathrm{e}^u\dfrac{\partial u}{\partial x}\cos v-\mathrm{e}^u\sin v\dfrac{\partial v}{\partial x},\\ 0=\mathrm{e}^u\dfrac{\partial u}{\partial x}\sin v+\mathrm{e}^u\cos v\dfrac{\partial v}{\partial x},\\ 0=\mathrm{e}^u\dfrac{\partial u}{\partial y}\cos v-\mathrm{e}^u\sin v\dfrac{\partial v}{\partial y},\\ 1=\mathrm{e}^u\dfrac{\partial u}{\partial y}\sin v+\mathrm{e}^u\cos v\dfrac{\partial v}{\partial y}, \end{cases}$$

解得 $\dfrac{\partial u}{\partial x}=\dfrac{\begin{vmatrix}1 & -\mathrm{e}^u\sin v\\ 0 & \mathrm{e}^u\cos v\end{vmatrix}}{\begin{vmatrix}\mathrm{e}^u\cos v & -\mathrm{e}^u\sin v\\ \mathrm{e}^u\sin v & \mathrm{e}^u\cos v\end{vmatrix}}=\mathrm{e}^{-u}\cos v,\quad \dfrac{\partial v}{\partial x}=\dfrac{\begin{vmatrix}\mathrm{e}^u\cos v & 1\\ \mathrm{e}^u\sin v & 0\end{vmatrix}}{\mathrm{e}^{2u}}=-\mathrm{e}^{-u}\sin v,$

$\dfrac{\partial u}{\partial y}=\mathrm{e}^{-u}\sin v,\quad \dfrac{\partial v}{\partial y}=\mathrm{e}^{-u}\cos v,$

所以 $\dfrac{\partial z}{\partial x}=\dfrac{\partial z}{\partial u}\cdot\dfrac{\partial u}{\partial x}+\dfrac{\partial z}{\partial v}\cdot\dfrac{\partial v}{\partial x}=\mathrm{e}^{-u}(v\cos v-u\sin v),$

$\dfrac{\partial z}{\partial y}=\dfrac{\partial z}{\partial u}\cdot\dfrac{\partial u}{\partial y}+\dfrac{\partial z}{\partial v}\cdot\dfrac{\partial v}{\partial y}=\mathrm{e}^{-u}(v\sin v+u\cos v).$

五、解 方程组左右两边同时对 x 求导得 $\begin{cases}\dfrac{\mathrm{d}z}{\mathrm{d}x}=1+\dfrac{\mathrm{d}y}{\mathrm{d}x},\\ 2x+2y\dfrac{\mathrm{d}y}{\mathrm{d}x}+6z\dfrac{\mathrm{d}z}{\mathrm{d}x}=0,\end{cases}$ 解方程组得 $\dfrac{\mathrm{d}y}{\mathrm{d}x}=-\dfrac{x+3z}{y+3z},\dfrac{\mathrm{d}z}{\mathrm{d}x}=\dfrac{y-x}{y+3z}.$

六、解 设该点坐标为 (x_0,y_0,z_0)，$F(x,y,z)=z-xy$，则在点 (x_0,y_0,z_0) 处偏导数为 $F_x(x_0,y_0,z_0)=-y_0$，$F_y(x_0,y_0,z_0)=-x_0$，$F_z(x_0,y_0,z_0)=1$. 法线方向向量平行于 $(1,3,1)$，所以 $\dfrac{-y_0}{1}=\dfrac{-x_0}{3}=\dfrac{1}{1}$，解得 $x_0=-3,y_0=-1$. 将其代入 $z=xy$，求得 $z_0=3$，所以法线的方程为
$$\frac{x+3}{1}=\frac{y+1}{3}=\frac{z-3}{1}.$$

七、解 设长方体长宽高分别为 x,y,z，则 $3xy+2xz+2yz=36$，容积为 $V=xyz$. 构造拉格朗日函数 $L(x,y,z)=xyz+\lambda(3xy+2yz+2xz-36)$，则
$$\begin{cases} L_x=yz+\lambda(3y+2z)=0,\\ L_y=xz+\lambda(3x+2z)=0,\\ L_z=xy+\lambda(2x+2y)=0,\\ 3xy+2xz+2yz-36=0, \end{cases}$$

解得 $x=2, y=2, z=3$ 为唯一的驻点,即为最大值点. 即具有最大容积长方体的长宽高为 2m, 2m, 3m.

第 10 章　重　积　分

习题 10-1

一、1. $\rho(x,y)\mathrm{d}\sigma$, $\iint\limits_{D}\rho(x,y)\mathrm{d}\sigma$.

2. (1) $3\pi a^2$; (2) 12; (3) 1; (4) $\dfrac{4\pi}{3}$.

3. (1) $\geqslant$.

解 画出积分区域,所积部分 $x+y\leqslant 1$,得出 $(x+y)^2\geqslant (x+y)^3$.

(2) $\leqslant$.

解 画出积分区域,所积部分 $x+y\geqslant 3$,得出 $\ln(x+y)\leqslant \ln(x+y)^2$.

二、D.

习题 10-2(1)

一、1. (1) 0; (2) 0.

解 两道题都是利用对称性解的,第一题积分区域关于 y 轴对称,积分函数是 x 的奇函数;第二道题积分区域关于 x 轴对称,积分函数是 y 的奇函数.

2. (1) $\displaystyle\int_0^1 \mathrm{d}x \int_x^1 f(x,y)\mathrm{d}y$;

(2) $\displaystyle\int_0^1 \mathrm{d}y \int_{2-y}^{1+\sqrt{1-y^2}} f(x,y)\mathrm{d}x$;

(3) $\displaystyle\int_0^2 \mathrm{d}y \int_{-\sqrt{y}}^{\sqrt{y}} f(x,y)\mathrm{d}x + \int_2^4 \mathrm{d}y \int_{-\sqrt{4-y}}^{\sqrt{4-y}} f(x,y)\mathrm{d}x$;

(4) $\displaystyle\int_0^2 \mathrm{d}x \int_{\frac{x}{2}}^{3-x} f(x,y)\mathrm{d}y$.

解 首先根据给出的二次积分画出积分区域,再根据积分区域给出另外一种次序.

3. (1) 8;

解 $\displaystyle\iint\limits_{D} x\ln y\,\mathrm{d}x\mathrm{d}y = \int_0^4 \mathrm{d}x \int_1^{\mathrm{e}} x\ln y\,\mathrm{d}y = 8$.

(2) -2π;

解 $\displaystyle\iint\limits_{D} x\cos(x+y)\,\mathrm{d}x\mathrm{d}y = \int_0^{\pi} \mathrm{d}x \int_0^{\pi} x\cos(x+y)\,\mathrm{d}y = -2\pi$.

(3) $\dfrac{13}{6}$;

解 $\displaystyle\iint\limits_{D}(x^2+y^2-x)\,\mathrm{d}x\mathrm{d}y = \int_0^2 \mathrm{d}y \int_{\frac{y}{2}}^{y}(x^2+y^2-x)\,\mathrm{d}x = \dfrac{13}{6}$.

(4) $\dfrac{1}{2}\left(1-\dfrac{1}{e}\right)$;

解 $\displaystyle\int_0^1 dx\int_x^1 e^{-y^2}dy=\int_0^1 dy\int_0^y e^{-y^2}dx=\dfrac{1}{2}\left(1-\dfrac{1}{e}\right).$

(5) $\dfrac{4}{3}$.

解 薄片的质量 $=\displaystyle\iint_D \rho(x,y)dxdy=\int_0^1 dy\int_y^{2-y}(x^2+y^2)dx=\dfrac{4}{3}.$

二、1. D. 2. C.

三、1. **解** $D=\{(x,y)\mid x\geqslant 0,y\geqslant 0,x+y\leqslant 1\}$,顶是 $z=6-x^2-y^2$,体积为

$$V=\iint_D(6-x^2-y^2)dxdy=\int_0^1 dx\int_0^{1-x}(6-x^2-y^2)dy$$

$$=\int_0^1\left(\dfrac{4}{3}x^3-2x^2-5x+\dfrac{17}{3}\right)dx=\dfrac{17}{6}.$$

2. **解** $\begin{cases}z=x^2+2y^2,\\ z=6-2x^2-y^2\end{cases}\Rightarrow x^2+y^2=2$,所以 $D=\{(x,y)\mid x^2+y^2\leqslant 2\}$,

$$V=\iint_D[(6-2x^2-y^2)-(x^2+2y^2)]dxdy$$

$$=\iint_D(6-3x^2-3y^2)dxdy=\int_{-\sqrt{2}}^{\sqrt{2}}dx\int_{-\sqrt{2-x^2}}^{\sqrt{2-x^2}}(6-3x^2-3y^2)dy.$$

令 $x=\sqrt{2}\sin\theta$,则 $V=6\pi$.

习题 10-2（2）

一、1. (1) $\displaystyle\int_{-\frac{\pi}{2}}^{\frac{\pi}{2}}d\theta\int_0^{2\cos\theta}f(\rho\cos\theta,\rho\sin\theta)\rho d\rho$;

解 积分区域为圆域 $(x-1)^2+y^2\leqslant 1$.

(2) $\displaystyle\int_0^{2\pi}d\theta\int_1^2 f(\rho\cos\theta,\rho\sin\theta)\rho d\rho.$

2. (1) $\displaystyle\int_0^{\frac{\pi}{4}}d\theta\int_0^{\frac{1}{\cos\theta}}f(\rho^2)\rho d\rho+\int_{\frac{\pi}{4}}^{\frac{\pi}{2}}d\theta\int_0^{\frac{1}{\sin\theta}}f(\rho^2)\rho d\rho$;

(2) $\displaystyle\int_{\frac{\pi}{4}}^{\frac{\pi}{3}}d\theta\int_0^{\frac{2}{\cos\theta}}f(\rho)\rho d\rho$;

(3) $\displaystyle\int_0^{\frac{\pi}{2}}d\theta\int_{\frac{1}{\cos\theta+\sin\theta}}^1 f(\rho\cos\theta+\rho\sin\theta)\rho d\rho.$

3. (1) $\dfrac{1}{3}$;

解 $\displaystyle\iint_D ydxdy=\int_0^{\frac{\pi}{2}}d\theta\int_0^1\rho^2\sin\theta d\rho=\dfrac{1}{3}.$

(2) $\dfrac{1}{2}\left(1-\dfrac{\pi}{4}\right)$;

解 $\iint\limits_{D}\left(\dfrac{y}{x}\right)^2 \mathrm{d}x\,\mathrm{d}y = \int_0^{\frac{\pi}{4}}\mathrm{d}\theta\int_0^1 \rho\tan^2\theta\,\mathrm{d}\rho = \dfrac{1}{2}\left(1-\dfrac{\pi}{4}\right).$

(3) $-6\pi^2.$

解 $\iint\limits_{D}\sin(\sqrt{x^2+y^2})\mathrm{d}x\,\mathrm{d}y = \int_0^{2\pi}\mathrm{d}\theta\int_\pi^{2\pi}\sin\rho\cdot\rho\,\mathrm{d}\rho = -6\pi^2.$

4. $\dfrac{\pi^5}{40}.$

解 薄片的质量为 $\int_0^{\frac{\pi}{2}}\mathrm{d}\theta\int_0^{2\theta}\rho^3\,\mathrm{d}\rho = \dfrac{\pi^5}{40}.$

二、1. C.

解 $\int_0^{2\pi}\mathrm{d}\theta\int_0^2 \mathrm{e}^{\rho^2}\rho\,\mathrm{d}\rho = \pi(\mathrm{e}^4-1).$

2. C.

解 $4\int_0^{\frac{\pi}{2}}\mathrm{d}\theta\int_0^a \rho^3\sin\theta\cos\theta\,\mathrm{d}\rho = \dfrac{a^4}{2}.$

3. D.

4. C.

解 第一卦限部分的 4 倍.

三、**解** $D = \left\{(x,y)\,\middle|\,\left(x-\dfrac{R}{2}\right)^2+y^2\leqslant\dfrac{R^2}{4}\right\},$

$2\int_0^{\frac{\pi}{2}}\mathrm{d}\theta\int_0^{R\cos\theta}\sqrt{R^2-r^2}\,r\,\mathrm{d}r = -\int_0^{\frac{\pi}{2}}\dfrac{2}{3}R^3(\sin^3\theta-1)\mathrm{d}\theta = \dfrac{\pi R^3}{3}-\dfrac{4}{9}R^3.$

四、**解** $I = \iint\limits_{D}P(r)\mathrm{d}\sigma = 10\int_0^{2\pi}\mathrm{d}\theta\int_0^2 \dfrac{4}{r^2+20}r\,\mathrm{d}r = 40\pi(\ln 24-\ln 20)\approx 22.911(万人).$

习题 10-3(1)

一、1. $\int_{-2}^{2}\mathrm{d}x\int_{-\sqrt{4-x^2}}^{\sqrt{4-x^2}}\left(\sqrt{5-x^2-y^2}-\dfrac{x^2+y^2}{4}\right)\mathrm{d}y,\ \int_{-2}^{2}\mathrm{d}x\int_{-\sqrt{4-x^2}}^{\sqrt{4-x^2}}\mathrm{d}y\int_{\frac{x^2+y^2}{4}}^{\sqrt{5-x^2-y^2}}\mathrm{d}z.$

解 立体的投影区域为两个曲面消去 z,得到 $x^2+y^2\leqslant 4.$

2. $k\int_{-R}^{R}\mathrm{d}x\int_{-\sqrt{R^2-x^2}}^{\sqrt{R^2-x^2}}\mathrm{d}y\int_{-\sqrt{R^2-x^2-y^2}}^{\sqrt{R^2-x^2-y^2}}\sqrt{x^2+y^2+z^2}\,\mathrm{d}z.$

解 密度函数 $\mu(x,y,z) = k\sqrt{x^2+y^2+z^2}\ (k>0)$,则 $M = \iiint\limits_{\Omega}\mu\,\mathrm{d}v.$

3. 0,0.

解 利用对称性.

二、1. D.   2. D.   3. B.

三、1. **解** 将 Ω 投影到 z 轴 $0\leqslant z\leqslant h$,任取一点 z 作平行于 xOy 面的截面,截锥体的截面 $D_z = \left\{(x,y)\,\middle|\,x^2+y^2\leqslant\dfrac{R^2z^2}{h^2}\right\}$,故

$I = \int_0^h \mathrm{d}z\iint\limits_{D_z}z\,\mathrm{d}x\,\mathrm{d}y = \int_0^h \dfrac{\pi R^2}{h^2}\cdot z^3\,\mathrm{d}z = \dfrac{1}{4}\pi R^2 h^2.$

2. **解** Ω 投影 $D_{xy} = \{(x,y) | -a \leqslant x \leqslant a, -b \leqslant y \leqslant b\}$,

$$V = \iiint\limits_{\Omega} dx\,dy\,dz = \int_{-a}^{a} dx \int_{-b}^{b} dy \int_{0}^{x^2+y^2} dz = \frac{4}{3}ab(a^2+b^2).$$

习题 10-3(2)

一、1. πR^4.　2. 2π.

二、1. C.　2. C.　3. B.

三、1. **解**　(1)柱面坐标：$I = \int_{0}^{\frac{\pi}{2}} d\theta \int_{0}^{h} \rho^2 d\rho \int_{0}^{\sqrt{h^2-\rho^2}} z\,dz = \frac{\pi h^5}{30}.$

(2)球面坐标：$I = \int_{0}^{\frac{\pi}{2}} d\theta \int_{0}^{\frac{\pi}{2}} d\varphi \int_{0}^{h} r\cos\varphi \cdot r\sin\varphi \cdot r^2 \sin\varphi\,dr = \frac{\pi h^5}{30}.$

2. **解**　利用球面坐标计算，得

$$I = 2\int_{0}^{\frac{\pi}{2}} d\theta \int_{0}^{\frac{\pi}{2}} d\varphi \int_{a}^{R} r^2 \sin^2\varphi \cdot r^2 \sin\varphi\,dr$$

$$= \frac{\pi}{5}(R^5 - a^5) \int_{0}^{\frac{\pi}{2}} \sin^3\varphi\,d\varphi = \frac{2\pi}{15}(R^5 - a^5).$$

3. **解**　利用三重积分计算，得

$$I = \iiint\limits_{\Omega} dv = \int_{0}^{2\pi} d\theta \int_{0}^{1} d\rho \int_{\rho^2}^{\rho} dz = 2\pi \int_{0}^{1} (\rho^2 - \rho^3)d\rho = \frac{\pi}{6}.$$

习题 10-4

一、1. $dA = \sqrt{2}\sigma$, D 是 $x^2+y^2 \leqslant 2x$（消去 z）, $A = \iint\limits_{D} \sqrt{2}\,dx\,dy$, $\sqrt{2}\pi$.

2. $M_x = \frac{\rho}{2}$, $M_y = \frac{2\sqrt{2}\rho}{5}$, $M = \frac{2\sqrt{2}\rho}{3}$, $(\bar{x}, \bar{y}) = \left(\frac{3}{5}, \frac{3\sqrt{2}}{8}\right).$

3. $\left(0, \frac{8}{3\pi}\right).$

解　记 $A = \iint\limits_{D} d\sigma = \frac{1}{2} \times 2 \times 1\pi = \pi$, 则 $\bar{y} = \dfrac{\iint\limits_{D} y\,d\sigma}{A} = \dfrac{\int_{-1}^{1} dx \int_{0}^{2\sqrt{1-x^2}} y\,dy}{A}.$

4. $\frac{\pi}{2}\rho.$

解　$I_y = \iint\limits_{D} \rho x^2 d\sigma = \rho \int_{-1}^{1} x^2 dx \int_{-2\sqrt{1-x^2}}^{2\sqrt{1-x^2}} dy = 8\rho \int_{-1}^{1} \sqrt{1-x^2}\,x^2 dx.$

令 $x = \sin t$, 则 $I_y = 2\rho \int_{0}^{\frac{\pi}{2}} \sin^2 t\,dt = \frac{\pi}{2}\rho.$

5. $\frac{1}{3}ab^3\rho$, $\frac{1}{3}a^3 b\rho.$

二、1. B.

解　$V = \int_{-\frac{\pi}{2}}^{\frac{\pi}{2}} d\theta \int_{0}^{2a\cos\theta} \rho\,d\rho \int_{\frac{\rho^2}{a}}^{\rho} dz.$

2. D.

3. C.

解 $\bar{y} = \dfrac{\iint\limits_{D} y \, \mathrm{d}\sigma}{\iint\limits_{D} \mathrm{d}\sigma}.$

4. A.

解 $\iint\limits_{D}(x^2 + y^2)\mathrm{d}\sigma = \int_0^{2\pi}\mathrm{d}\theta\int_0^1 \rho^3\mathrm{d}\rho = \dfrac{1}{2}\pi.$

三、解 设密度为 ρ，半径为 R，另一边为 a，$M = \rho\left(\dfrac{\pi R^2}{2} + 2Ra\right)$，$D$ 关于 y 轴对称，必有 $\bar{x} = 0$，所以重心在 y 轴上. 又因为重心为 $(0,0)$，即 $\iint\limits_{D} x\rho\,\mathrm{d}\sigma = 0$，$\iint\limits_{D} y\rho\,\mathrm{d}\sigma = 0$，所以

$$\rho\iint\limits_{D} y\,\mathrm{d}\sigma = \rho\int_{-R}^{R}\mathrm{d}x\int_{-a}^{\sqrt{R^2-x^2}} y\,\mathrm{d}y = 0 \Rightarrow a = \sqrt{\dfrac{2}{3}}R.$$

四、解 $\forall (x,y) \in D$，有

$$I = \iint\limits_{D}(y+1)^2\rho\,\mathrm{d}\sigma = \rho\int_{-1}^{1}\mathrm{d}x\int_{x^2}^{1}(y+1)^2\,\mathrm{d}y = \dfrac{368}{105}\rho.$$

五、解 $I_z = \iiint\limits_{\Omega}(x^2+y^2)\rho\,\mathrm{d}v = \int_0^{2\pi}\mathrm{d}\theta\int_0^R \rho^2 \cdot \rho\,\mathrm{d}\rho\int_0^h \mathrm{d}z = \dfrac{\pi R^4 h}{2}.$

总习题 10

一、1. $\geqslant$.

解 $x^8 + y^8 \geqslant 2x^4 y^4.$

2. 1.

解 $\iint\limits_{D} f(x)f(y)\mathrm{d}\sigma = \int_0^1 f(y)\mathrm{d}y\int_0^1 f(x)\mathrm{d}x = 1.$

3. $(e^{16}-1)\pi.$

解 $\iint\limits_{x^2+y^2\leqslant 16} e^{x^2+y^2}\mathrm{d}\sigma = \int_0^{2\pi}\mathrm{d}\theta\int_0^4 e^{\rho^2}\rho\,\mathrm{d}\rho = (e^{16}-1)\pi.$

4. $-\dfrac{\pi}{2} \leqslant \theta \leqslant \dfrac{\pi}{2}$，$0 \leqslant \rho \leqslant a\cos\theta.$

5. $0 \leqslant \varphi \leqslant \pi.$

6. $\dfrac{1}{2}\int_{\theta_1}^{\theta_2}(r_2^2(\theta) - r_1^2(\theta))\mathrm{d}\theta.$

解 D 的面积为 $\iint\limits_{D}\mathrm{d}\sigma = \int_{\theta_1}^{\theta_2}\mathrm{d}\theta\int_{r_1(\theta)}^{r_2(\theta)} r\,\mathrm{d}r = \dfrac{1}{2}\int_{\theta_1}^{\theta_2}(r_2^2(\theta) - r_1^2(\theta))\mathrm{d}\theta.$

7. $\dfrac{1}{8}.$

解 $\iiint\limits_{\Omega} xyz\,\mathrm{d}v = \int_0^1 x\,\mathrm{d}x\int_0^1 y\,\mathrm{d}y\int_0^1 z\,\mathrm{d}z = \dfrac{1}{8}.$

8. $\iint\limits_{D}\rho(x,y)\mathrm{d}x\mathrm{d}y.$

9. 0.

解 利用对称性,积分区域关于 xOy 面对称,$f(x,y,z)$ 为 z 的奇函数.

10. $\int_0^{2\pi} d\theta \int_0^a f(\rho\cos\theta, \rho\sin\theta)\rho d\rho$.

二、1. **解** $I = \int_0^1 dy \int_0^y x^2 e^{-y^2} dx = \frac{1}{6}\int_0^1 e^{-y^2} y^2 dy^2 = \frac{1}{6}\int_0^1 y^2 de^{-y^2} = \frac{1}{6} - \frac{1}{3e}$.

2. **解** 利用对称性,得
$$I = 4\iint_{D_1}(x+y)dxdy = 4\int_0^4 dx \int_0^{4-x}(x+y)dy = \frac{256}{3}.$$

3. **解** $I = \int_0^{\frac{\pi}{2}} d\theta \int_0^2 \rho^2 d\rho = \frac{4}{3}\pi$.

三、1. **解** $\begin{cases} x^2+y^2=2z, \\ z=8 \end{cases} \Rightarrow x^2+y^2 \leqslant 16$,所以 $D=\{(\rho,\theta) \mid 0\leqslant\rho\leqslant 4, 0\leqslant\theta\leqslant 2\pi\}$,于是
$I = \int_0^{2\pi} d\theta \int_0^4 \rho d\rho \int_{\frac{\rho^2}{2}}^8 z dz = \frac{1024}{3}\pi$.

2. **解** $I = \int_0^{2\pi} d\theta \int_0^{\pi} d\varphi \int_2^4 r \cdot r^2 \sin\varphi dr = 240\pi$.

四、1. **解** $D_1 = \{(x,y) \mid -x \leqslant y \leqslant 1, -1 \leqslant x \leqslant 0\}$,
$D_2 = \{(x,y) \mid 1-\sqrt{1-x^2} \leqslant y \leqslant 1, 0 \leqslant x \leqslant 1\}$,

则 $D = \{(x,y) \mid -y \leqslant x \leqslant \sqrt{1-(y-1)^2}, 0 \leqslant y \leqslant 1\}$,

故 $I = \int_0^1 dy \int_{-y}^{\sqrt{1-(y-1)^2}} f(x,y) dx$.

2. **解** $D_1 = \{(x,y) \mid 0 \leqslant y \leqslant x^2, 0 \leqslant x \leqslant 1\}$,
$D_2 = \{(x,y) \mid 0 \leqslant y \leqslant \frac{1}{2}(3-x), 1 \leqslant x \leqslant 3\}$,

用 Y 型表示,得 $D = \{(x,y) \mid \sqrt{y} \leqslant x \leqslant 3-2y, 0 \leqslant y \leqslant 1\}$,故 $I = \int_0^1 dy \int_{\sqrt{y}}^{3-2y} f(x,y) dx$.

五、**解** $\begin{cases} x^2+y^2=az, \\ z=2a-\sqrt{x^2+y^2} \end{cases} \Rightarrow x^2+y^2 \leqslant a^2$,故 $D=\{(x,y) \mid x^2+y^2 \leqslant a^2\}$,
$V = \iiint_{\Omega} dv = \int_0^{2\pi} d\theta \int_0^a \rho d\rho \int_{\frac{\rho^2}{a}}^{2a-\rho} dz = \frac{5}{6}\pi a^3$.

六、**解** $z_x = \frac{x}{\sqrt{x^2+y^2}}$,$z_y = \frac{y}{\sqrt{x^2+y^2}}$,$dA = \sqrt{1+z_x^2+z_y^2} dx dy = \sqrt{2} dx dy$,所以 $A = \iint_D \sqrt{2} dx dy = \sqrt{2}\sigma$($\sigma$ 为 D 的面积),$D = \{(x,y) \mid (x-2)^2+y^2 \leqslant 4\}$,因此 $A = 4\sqrt{2}\pi$.

七、**解** $F(t) = \int_0^{2\pi} d\theta \int_0^{\pi} d\varphi \int_0^t f(r^2) r^2 \sin\varphi dr = 2\pi \int_0^{\pi} \sin\varphi d\varphi \int_0^t f(r^2) r^2 dr$
$= 4\pi \int_0^t f(r^2) r^2 dr$.

由于 $F(0)=0$,故

$$\lim_{t\to 0^+}\frac{F(t)}{t^5}=\lim_{t\to 0^+}\frac{4\pi f(t^2)t^2}{5t^4}=\lim_{t\to 0^+}\frac{4\pi f(t^2)}{5t^2}=\lim_{t\to 0^+}\frac{4\pi f'(t^2)2t}{10t}$$
$$=\lim_{t\to 0^+}\frac{4\pi}{5}f'(t^2)=\frac{4\pi}{5}f'(0)=\frac{4\pi}{5}.$$

第 11 章　曲线积分与曲面积分

习题 11-1

一、1. $\sqrt{2}$.

解 由题意，C 的曲线方程为 $y=1-x, 0\leqslant x\leqslant 1$，利用对弧长的曲线积分的计算公式可以得到
$$\int_C (x+y)\mathrm{d}s=\int_0^1 [x+(-x+1)]\sqrt{1+(y')^2}\mathrm{d}x=\int_0^1 \sqrt{2}\mathrm{d}x=\sqrt{2}.$$

2. $2\pi R^2$，$\dfrac{2}{3}\pi R^3$.

解 由题意，C 的参数方程为 $x=R\cos t, y=R\sin t, 0\leqslant t\leqslant 2\pi$，利用对弧长的曲线积分的计算公式可以得到
$$\oint_C \sqrt{x^2+y^2}\mathrm{d}s=\int_0^{2\pi} R^2\mathrm{d}t=2\pi R^2.$$
D 的极坐标表示为 $x=r\cos t, y=r\sin t, 0\leqslant r\leqslant R, 0\leqslant t\leqslant 2\pi$，利用二重积分极坐标的计算公式可以得到
$$\iint_D \sqrt{x^2+y^2}\mathrm{d}\sigma=\int_0^{2\pi}\mathrm{d}t\int_0^R r^2\mathrm{d}r=\frac{2}{3}\pi R^3.$$

3. $\dfrac{\pi}{4}a\mathrm{e}^a$.

解 由题意得
$$M=\int_L \rho\mathrm{d}s=\int_0^{\frac{\pi}{4}}\mathrm{e}^{\sqrt{a\sin^2\theta+a\cos^2\theta}}\sqrt{a\sin^2\theta+a\cos^2\theta}\mathrm{d}\theta=\int_0^{\frac{\pi}{4}}\mathrm{e}^a a\mathrm{d}\theta=\frac{\pi}{4}a\mathrm{e}^a.$$

4. 0.

解 由题意，曲线的参数方程为 $x=R\cos t, y=R\sin t, 0\leqslant t\leqslant 2\pi$，利用对弧长的曲线积分的计算公式可以得到
$$\oint_{x^2+y^2=R^2}(x+y)\mathrm{d}s=\int_0^{2\pi}(\cos t+\sin t)R^2\mathrm{d}t=0.$$

5. πR^3.

解 由题意，曲线的参数方程为 $x=R\cos t, y=R\sin t, 0\leqslant t\leqslant 2\pi$，利用对弧长的曲线积分的计算公式可以得到
$$\oint_{x^2+y^2=R^2}x^2\mathrm{d}s=\int_0^{2\pi}R^3\cos^2 t\mathrm{d}t=\int_0^{2\pi}\frac{R^3}{2}(1+\cos 2t)\mathrm{d}t=\pi R^3.$$

6. $2R^2$.

解 由题意，曲线 C 的参数方程为 $x=R\cos t, y=R\sin t, 0\leqslant t\leqslant \pi$，利用对弧长的曲线

积分的计算公式可以得到
$$\int_C x\,\mathrm{d}s = \int_0^\pi R^2\cos t\,\mathrm{d}t = 2R^2.$$

二、1. C.

解 由题意,曲线 L 的参数方程为 $x=R\cos t, y=R\sin t, 0\leqslant t\leqslant 2\pi$,利用对弧长的曲线积分的计算公式可以得到
$$\oint_L x\,\mathrm{d}s = \int_0^{2\pi} R^2\cos t\,\mathrm{d}t = 0,$$
故选 C.

2. B.

解 由题意,曲线 C 的方程为 $y=\dfrac{3}{4}x, 0\leqslant x\leqslant 4$,利用对弧长的曲线积分的计算公式可以得到
$$\int_C (x-y)\,\mathrm{d}s = \int_0^4 \left(x-\dfrac{3}{4}x\right)\sqrt{1+\dfrac{9}{16}}\,\mathrm{d}x,$$
故选 B.

3. C.

解 由题意,曲线 C 的方程为 $y=x^2, 0\leqslant x\leqslant 1$,利用对弧长的曲线积分的计算公式可以得到
$$\int_C \sqrt{y}\,\mathrm{d}s = \int_0^1 x\sqrt{1+4x^2}\,\mathrm{d}x,$$
故选 C.

三、1. **解** (1) 曲线 L 的质量为
$$M = \int_L \rho(x,y)\,\mathrm{d}s.$$

(2) 曲线 L 的重心坐标为
$$\bar{x} = \dfrac{M_y}{M} = \dfrac{\int_L x\rho(x,y)\,\mathrm{d}s}{\int_L \rho(x,y)\,\mathrm{d}s}, \quad \bar{y} = \dfrac{M_x}{M} = \dfrac{\int_L y\rho(x,y)\,\mathrm{d}s}{\int_L \rho(x,y)\,\mathrm{d}s}.$$

(3) 曲线 L 对 x 轴和 y 轴的转动惯量分别为
$$I_x = \int_L y^2\rho(x,y)\,\mathrm{d}s, \quad I_y = \int_L x^2\rho(x,y)\,\mathrm{d}s.$$

2. (1) **解** 由题意,曲线 C 的方程为 $y=2-\dfrac{x}{2}, 0\leqslant x\leqslant 4$,利用对弧长的曲线积分的计算公式可以得到
$$\int_0^4 x\left(2-\dfrac{x}{2}\right)\sqrt{1+\dfrac{1}{4}}\,\mathrm{d}x = \dfrac{8}{3}\sqrt{5}.$$

(2) **解** 逆时针四段依次为 C_1, C_2, C_3, C_4,则
$$\int_C xy\,\mathrm{d}s = \int_{C_1} xy\,\mathrm{d}s + \int_{C_2} xy\,\mathrm{d}s + \int_{C_3} xy\,\mathrm{d}s + \int_{C_4} xy\,\mathrm{d}s$$
$$= 0 + \int_0^2 4t\,\mathrm{d}t + \int_0^4 2t\,\mathrm{d}t + 0 = 24.$$

3. **解** 由题意,有
$$x^2 + y^2 = ax \Rightarrow (\rho\cos\theta)^2 + (\rho\sin\theta)^2 = a\rho\cos\theta \Rightarrow \rho = a\cos\theta,$$

曲线 C 的方程为 $\rho = a\cos\theta, -\dfrac{\pi}{2} \leqslant \theta \leqslant \dfrac{\pi}{2}$,利用对弧长的曲线积分的计算公式可以得到

$$原式 = \int_{-\frac{\pi}{2}}^{\frac{\pi}{2}} \sqrt{(\rho\cos\theta)^2 + (\rho\sin\theta)^2} \sqrt{(a\cos\theta)^2 + (-a\sin\theta)^2} \, d\theta$$

$$= a \int_{-\frac{\pi}{2}}^{\frac{\pi}{2}} \rho \, d\theta = a \int_{-\frac{\pi}{2}}^{\frac{\pi}{2}} a\cos\theta \, d\theta = 2a^2.$$

4. **解** 利用对弧长的曲线积分的计算公式可以得到

$$\int_C \frac{1}{x^2+y^2+z^2} ds = \int_0^2 \frac{1}{(e^t\cos t)^2 + (e^t\sin t)^2 + (e^t)^2} \cdot \sqrt{(e^t\cos t)_t'^2 + (e^t\sin t)_t'^2 + (e^t)_t'^2} \, dt$$

$$= \int_0^2 \frac{\sqrt{3}\, e^t}{2e^{2t}} dt = \frac{\sqrt{3}}{2}(1 - e^{-2}).$$

四、(1) 解 由题意,曲线的参数方程为 $\begin{cases} x = R\cos\theta, \\ y = R\sin\theta, \end{cases}$ $0 \leqslant \theta \leqslant \pi$,则

$$M = \int_L \sqrt{R^2 - x^2} \, ds = \int_0^\pi \sqrt{R^2 - (R\cos\theta)^2} \sqrt{(-R\sin\theta)^2 + (R\cos\theta)^2} \, d\theta$$

$$= \int_0^\pi R^2 \sin\theta \, d\theta = 2R^2.$$

(2) 解 利用对称性可以得到 $\bar{x} = \dfrac{M_y}{M} = 0$,

$$\bar{y} = \frac{M_x}{M} = \frac{\int_L y\sqrt{R^2 - x^2}\, ds}{M} = \frac{1}{2R^2}\int_0^\pi R^3 \sin\theta\sin\theta\, d\theta = \frac{\pi}{4}R,$$

所以重心坐标为 $\left(0, \dfrac{\pi}{4}R\right)$.

五、解 由题意,细杆的质量为

$$M = \int_L \sqrt{2}\, y\, ds = \int_0^1 \sqrt{2}\, \frac{t^2}{\sqrt{2}} \sqrt{x_t'^2 + y_t'^2 + z_t'^2}\, dt = \int_0^1 t^2 \sqrt{1 + t^4 + 2t^2}\, dt = \int_0^1 (t^4 + t^2)\, dt = \frac{8}{15}.$$

习题 11-2

一、1. $\int_L \boldsymbol{F} \cdot d\boldsymbol{r}, \; d\boldsymbol{r} = (dx, dy)$.

解 根据对坐标的曲线积分的意义可以得到 $\boldsymbol{F}$ 沿有向曲线弧 L 做的功 $\int_L \boldsymbol{F} \cdot d\boldsymbol{r}$,其中 $d\boldsymbol{r} = (dx, dy)$.

2. 0.

解 由对坐标的曲线积分的意义可以得到 $\boldsymbol{F}$ 沿椭圆 $L: \dfrac{x^2}{a^2} + \dfrac{y^2}{b^2} = 1$ 做的功 $\int_L \boldsymbol{F} \cdot d\boldsymbol{r}$,其中 $d\boldsymbol{r} = (dx, dy)$,椭圆的参数方程为

$$\begin{cases} x = a\cos\theta, \\ y = b\sin\theta, \end{cases} \quad 0 \leqslant \theta \leqslant 2\pi,$$

于是可以得到
$$\int_L \boldsymbol{F} \cdot d\boldsymbol{r} = \int_L -x\,dx - y\,dy = \int_0^{2\pi}(a\cos\theta a\sin\theta - b\sin\theta b\cos\theta)\,d\theta = 0.$$

3. $\int_C \left(\dfrac{x^2 y - 3x^3}{\sqrt{1+9x^4}}\right) ds.$

解 由题意,曲线 C 为 $y = x^3$,$-1 \leqslant x \leqslant 1$,利用对坐标的曲线积分与对弧长的曲线积分的转换公式可以得到
$$ds = \sqrt{1+(y')^2}\,dx = \sqrt{1+(3x^2)^2}\,dx,$$

故可以得到 $dx = \dfrac{1}{\sqrt{1+9x^4}}ds$,同样可以得到 $dy = \dfrac{3x^2}{\sqrt{1+9x^4}}ds$,代入可以得到
$$\int_C x^2 y\,dx - x\,dy = \int_C \left(\dfrac{x^2 y - 3x^3}{\sqrt{1+9x^4}}\right) ds.$$

二、1. **解** 由题意,曲线 C 为 $x = 5-y$,$y : 5 \to 0$,利用对坐标的曲线积分的计算公式可以得到
$$\int_C x\,dy = \int_5^0 (5-y)\,dy = -\dfrac{25}{2}.$$

2.(1) **解** 由题意,曲线 C 为 $y = x$,$x : 0 \to 1$,利用对坐标的曲线积分的计算公式可以得到
$$\int_C (x^2 - y^2)\,dx + xy\,dy = \int_0^1 (x^2 - x^2)\,dx + x \cdot x\,dx = \dfrac{1}{3}.$$

(2) **解** 由题意,曲线 C 为 $y = x^2$,$x : 0 \to 1$,利用对坐标的曲线积分的计算公式可以得到
$$\int_C (x^2 - y^2)\,dx + xy\,dy = \int_0^1 (x^2 - x^4)\,dx + x x^2 2x\,dx = \dfrac{8}{15}.$$

(3) **解** 设逆时针交点分别为 O, B, A,利用对坐标的曲线积分的计算公式可以得到
$$\int_C (x^2 - y^2)\,dx + xy\,dy = \int_{BA}(x^2-y^2)\,dx + xy\,dy + \int_{OB}(x^2-y^2)\,dx + xy\,dy$$
$$= \int_0^1 (x^2 - 0)\,dx + x0\,dx + \int_0^1 (1-y^2)0\,dx + y\,dy = \dfrac{5}{6}.$$

3. **解** 设逆时针交点分别为 O, A, B, C,则
$$\int_C (x^2 - y^2)\,dx + xy\,dy = \int_{OA}(x^2-y^2)\,dx + xy\,dy + \int_{AB}(x^2-y^2)\,dx + xy\,dy +$$
$$\int_{BC}(x^2-y^2)\,dx + xy\,dy + \int_{CO}(x^2-y^2)\,dx + xy\,dy$$
$$= 0 + 0 + \int_4^0 2\,dx + 0 = -8.$$

4.(1) **解** 由题意,曲线 C 为 $y = x$,$x : 0 \to 1$,利用对坐标的曲线积分的计算公式可以得到
$$\int_C 2xy\,dx + x^2\,dy = \int_0^1 2x^2\,dx + x^2\,dx = \int_0^1 3x^2\,dx = 1.$$

(2) **解** 由题意,曲线 C 为 $y=x^2$,x: $-1\to 2$,利用对坐标的曲线积分的计算公式可以得到

$$\int_C 2xy\,dx + x^2\,dy = \int_{-1}^2 2xx^2\,dx + x^2 2x\,dx = \int_{-1}^2 4x^3\,dx = 15.$$

(3) **解** 由题意,曲线 C 为 $x=y^2$,y: $-1\to 2$,利用对坐标的曲线积分的计算公式可以得到

$$\int_C 2xy\,dx + x^2\,dy = \int_{-1}^2 2y^2 y 2y\,dy + y^4\,dy = \int_{-1}^2 5y^4\,dy = 33.$$

5. **解** 利用对坐标的曲线积分的计算公式可以得到

$$\int_0^1 (t^4 - t^6)\,dt + 2t^2 t^3 2t\,dt - t^2 3t^2\,dt = \int_0^1 (t^4 - t^6 + 4t^6 - 3t^4)\,dt = \frac{1}{35}.$$

6. **解** 由题意,AB 的对称式方程为 $\dfrac{x-1}{1} = \dfrac{y-1}{2} = \dfrac{z-1}{3}$,$AB$ 的参数方程为

$$\begin{cases} x = t+1, \\ y = 2t+1, \\ z = 3t+1, \end{cases} t: 0\to 1,$$ 利用对坐标的曲线积分的计算公式可以得到

$$\int_{AB} y\,dx + z\,dy + x\,dz = \int_0^1 (2t+1)\,dt + (3t+1)2\,dt + (t+1)3\,dt$$
$$= \int_0^1 (11t+6)\,dt = \frac{23}{2}.$$

习题 11-3

一、1. 0.

解 设闭曲线 C 围成的区域为 D,利用格林公式可以得到

$$\oint_C f(xy)(y\,dx + x\,dy) = \iint_D \left(\frac{\partial Q}{\partial x} - \frac{\partial P}{\partial y}\right)dx\,dy = \iint_D 0\,dx\,dy = 0.$$

2. -6π.

解 设闭曲线 C: $\dfrac{x^2}{4} + y^2 = 1$ 围成的区域为 D: $\dfrac{x^2}{4} + y^2 \leqslant 1$,利用格林公式可以得到

$$\oint_C [3y + f'_x(x,y)]\,dx + f'_y(x,y)\,dy = \iint_D \left(\frac{\partial Q}{\partial x} - \frac{\partial P}{\partial y}\right)dx\,dy = \iint_D (-3)\,dx\,dy = -6\pi.$$

3. -18π.

解 设闭曲线 C: $x^2 + y^2 = 9$ 围成的区域为 D: $x^2 + y^2 \leqslant 9$,利用格林公式可以得到

$$\oint_C (2xy - 2y)\,dx + (x^2 - 4x)\,dy = \iint_D \left(\frac{\partial Q}{\partial x} - \frac{\partial P}{\partial y}\right)dx\,dy = \iint_D (2x - 4 - 2x + 2)\,dx\,dy = -18\pi.$$

4. $\ln 2$.

解 设曲线 C: $y = x$,x: $1\to 2$,利用对坐标的曲线积分的计算公式可以得到

$$\int_C \frac{x\,dx + y\,dy}{x^2 + y^2} = \int_1^2 \frac{2x\,dx}{2x^2} = \int_1^2 \frac{dx}{x} = \ln 2.$$

5. 2π.

解 设曲线 C 与线段 OA 围成的区域为 D: $x^2 + y^2 \leqslant 4x$,利用格林公式可以得到

$$\int_C (y+2xy)\mathrm{d}x + (x^2+2x+y^2)\mathrm{d}y = \iint\limits_D \left(\frac{\partial Q}{\partial x} - \frac{\partial P}{\partial y}\right)\mathrm{d}x\,\mathrm{d}y +$$
$$\int_{AO}(y+2xy)\mathrm{d}x + (x^2+2x+y^2)\mathrm{d}y$$
$$= \iint\limits_D 1\mathrm{d}x\,\mathrm{d}y + \int_{AO} 0\mathrm{d}x = 2\pi.$$

6. 1.

解 设曲线 C 与线段 BO,OA 围成的区域为 D,利用格林公式可以得到
$$\int_C \frac{x\mathrm{d}y - y\mathrm{d}x}{(x-y)^2} = \iint\limits_D \left(\frac{\partial Q}{\partial x} - \frac{\partial P}{\partial y}\right)\mathrm{d}x\,\mathrm{d}y + \int_{OB}\frac{x\mathrm{d}y-y\mathrm{d}x}{(x-y)^2} + \int_{AO}\frac{x\mathrm{d}y-y\mathrm{d}x}{(x-y)^2} = 1.$$

二、1. B.

解 设闭曲线 C 围成的区域为 D,利用格林公式可以得到
$$\oint_C \frac{x\mathrm{d}x + y\mathrm{d}y}{x^2+y^2} = \iint\limits_D \left(\frac{\partial Q}{\partial x} - \frac{\partial P}{\partial y}\right)\mathrm{d}x\,\mathrm{d}y = \iint\limits_D 0\mathrm{d}x\,\mathrm{d}y = 0,$$
故选 B.

2. D.

解 由题意,$P(x,y)\mathrm{d}x - Q(x,y)\mathrm{d}y$ 为某二元函数的全微分的充要条件为 $\frac{\partial(-Q)}{\partial x} - \frac{\partial P}{\partial y} = 0$,即 $\frac{\partial P}{\partial y} = -\frac{\partial Q}{\partial x}$,故选 D.

3. B.

解 由题意,$P(x,y)\mathrm{d}x + Q(x,y)\mathrm{d}y$ 为某二元函数的全微分的充要条件为 $\frac{\partial Q}{\partial x} - \frac{\partial P}{\partial y} = 0$,即 $\frac{\partial P}{\partial y} = \frac{\partial Q}{\partial x}$,可以得到
$$\frac{\partial}{\partial y}\left(\frac{y}{x^2+y^2}\right) = \frac{\partial}{\partial x}\left(\frac{kx}{x^2+y^2}\right),$$
解得 $k = -1$,故选 B.

4. C.

解 设闭曲线 C 围成的区域为 D,利用格林公式可以得到
$$\oint_C -x^2 y\mathrm{d}x + xy^2\mathrm{d}y = \iint\limits_D \left(\frac{\partial Q}{\partial x} - \frac{\partial P}{\partial y}\right)\mathrm{d}x\,\mathrm{d}y = \iint\limits_D (x^2+y^2)\mathrm{d}x\,\mathrm{d}y = \frac{\pi R^4}{2},$$
故选 C.

三、1. **解** 闭曲线 C 围成的区域为 D,利用格林公式可以得到
$$\oint_C (x^2 y - 2y)\mathrm{d}x + \left(\frac{x^3}{3} - x\right)\mathrm{d}y = \iint\limits_D \left(\frac{\partial Q}{\partial x} - \frac{\partial P}{\partial y}\right)\mathrm{d}x\,\mathrm{d}y = \iint\limits_D (x^2 - 1 - x^2 + 2)\mathrm{d}x\,\mathrm{d}y$$
$$= \iint\limits_D \mathrm{d}x\,\mathrm{d}y = \frac{1}{2}.$$

2. **解** 设闭曲线 C 围成的区域为 D,利用格林公式可以得到

$$\oint_C y^2 x\,\mathrm{d}x - x^2 y\,\mathrm{d}y = \iint_D \left(\frac{\partial Q}{\partial x} - \frac{\partial P}{\partial y}\right)\mathrm{d}x\,\mathrm{d}y = \iint_D (-2xy - 2xy)\mathrm{d}x\,\mathrm{d}y$$

$$= -4\iint_D xy\,\mathrm{d}x\,\mathrm{d}y = -4\int_0^{2\pi}\mathrm{d}\theta \int_0^a \rho^2 \cos\theta\sin\theta\,\mathrm{d}\rho = 0.$$

3. 解 设闭曲线 C 围成的区域为 D，利用格林公式可以得到

$$\oint_C \sqrt{x^2+y^2}\,\mathrm{d}x + [5x + y\ln(x+\sqrt{x^2+y^2})]\mathrm{d}y$$

$$= \iint_D \left(\frac{\partial Q}{\partial x} - \frac{\partial P}{\partial y}\right)\mathrm{d}x\,\mathrm{d}y = \iint_D \left(5 + \frac{y}{\sqrt{x^2+y^2}} - \frac{y}{\sqrt{x^2+y^2}}\right)\mathrm{d}x\,\mathrm{d}y$$

$$= 5\iint_D \mathrm{d}x\,\mathrm{d}y = 5\pi.$$

4. 解 设曲线 C 与线段 OA, BO 围成的区域为 D，利用格林公式可以得到

$$\int_C xy^2\,\mathrm{d}x + (x^2y + 2x - 1)\,\mathrm{d}y = \iint_D \left(\frac{\partial Q}{\partial x} - \frac{\partial P}{\partial y}\right)\mathrm{d}x\,\mathrm{d}y + \int_{OB} P\,\mathrm{d}x + Q\,\mathrm{d}y + \int_{AO} P\,\mathrm{d}x + Q\,\mathrm{d}y$$

$$= \iint_D (2xy + 2 - 2xy)\mathrm{d}x\,\mathrm{d}y + \int_0^2 \mathrm{d}y = 2 - 2\pi.$$

5. 解 设闭曲线 L 围成的区域为 D，利用格林公式可以得到

$$\oint_L (2x - y + 4)\mathrm{d}x + (5y + 3x - 6)\mathrm{d}y = \iint_D \left(\frac{\partial Q}{\partial x} - \frac{\partial P}{\partial y}\right)\mathrm{d}x\,\mathrm{d}y = \iint_D (3 - (-1))\mathrm{d}x\,\mathrm{d}y$$

$$= 4\iint_D \mathrm{d}x\,\mathrm{d}y = 4 \times \frac{1}{2} \times 3 \times 2 = 12.$$

四、1. 解 由题意，$\frac{\partial Q}{\partial x} = 1 = \frac{\partial P}{\partial y}$，故曲线积分与路径无关，进而可以得到

$$\int_{(1,1)}^{(2,3)} (x+y)\mathrm{d}x + (x-y)\mathrm{d}y = \int_1^2 (x+1)\mathrm{d}x + \int_1^3 (2-y)\mathrm{d}y$$

$$= \left[\frac{x^2}{2} + x\right]_1^2 + \left[2y - \frac{y^2}{2}\right]_1^3 = \frac{5}{2}.$$

2. 解 由题意，有 $\frac{\partial Q}{\partial x} = -2y\sin x - 2x\sin y = \frac{\partial P}{\partial y}$，故曲线积分与路径无关，进而可以得到

$$\int_{(0,0)}^{(2,3)} (2x\cos y - y^2\sin x)\mathrm{d}x + (2y\cos x - x^2\sin y)\mathrm{d}y$$

$$= \int_0^2 2x\,\mathrm{d}x + \int_0^3 (2y\cos 2 - 4\sin y)\mathrm{d}y$$

$$= 9\cos 2 + 4\cos 3.$$

五、解 设 B 为交点，图形的边界为 C，其中在两条抛物线上的边界分别为 C_1 和 C_2，则图形的面积为

$$A = \frac{1}{2}\oint_C x\,\mathrm{d}y - y\,\mathrm{d}x = \frac{1}{2}\left(\int_{C_1} x\,\mathrm{d}y - y\,\mathrm{d}x + \int_{C_2} x\,\mathrm{d}y - y\,\mathrm{d}x\right)$$

$$= \frac{1}{2}\left(\int_0^1 x \cdot 2x\,\mathrm{d}x - x^2\,\mathrm{d}x + \int_1^0 y^2\,\mathrm{d}y - y \cdot 2y\,\mathrm{d}y\right) = \frac{1}{3}.$$

六、1. **解** 由题意，$\dfrac{\partial Q}{\partial x}=2=\dfrac{\partial P}{\partial y}$，故曲线积分与路径无关，进而可以得到

$$u(x,y)=\int_{(0,0)}^{(x,y)}P\mathrm{d}x+Q\mathrm{d}y=\int_0^x P(x,0)\mathrm{d}x+\int_0^y Q(x,y)\mathrm{d}y$$

$$=\int_0^x x\mathrm{d}x+\int_0^y(2x+y)\mathrm{d}y=\dfrac{x^2}{2}+2xy+\dfrac{y^2}{2}.$$

2. **解** 由题意，$\dfrac{\partial Q}{\partial x}=2x=\dfrac{\partial P}{\partial y}$，故曲线积分与路径无关，进而可以得到

$$u(x,y)=\int_{(0,0)}^{(x,y)}P\mathrm{d}x+Q\mathrm{d}y=\int_0^x P(x,0)\mathrm{d}x+\int_0^y Q(x,y)\mathrm{d}y=0+\int_0^y x^2\mathrm{d}y=x^2 y.$$

七、**解** 设 L 围成的区域为 D，在 D 内作顺时针方向的小圆周 $l:x^2+y^2=r^2$，D_1 为 L 围成的区域减去 l 围成的区域，l 围成的区域为 $\begin{cases}x=r\cos\theta,\\ y=r\sin\theta,\end{cases}0\leqslant\theta\leqslant 2\pi$，在区域 D_1 上可以利用格林公式，可以得到

$$原式=\oint_{L+l}P\mathrm{d}x+Q\mathrm{d}y-\oint_l P\mathrm{d}x+Q\mathrm{d}y$$

$$=\iint_{D_1}\left(\dfrac{\partial Q}{\partial x}-\dfrac{\partial P}{\partial y}\right)\mathrm{d}x\mathrm{d}y+\int_0^{2\pi}\dfrac{-r^2\sin^2\theta-r^2\cos^2\theta}{2r^2}\mathrm{d}\theta$$

$$=\iint_{D_1}0\mathrm{d}x\mathrm{d}y-\int_0^{2\pi}\dfrac{1}{2}\mathrm{d}\theta=-\pi.$$

习题 11-4

一、1. 0.

解 利用积分区域的对称性，可以得到积分区域关于 xOy 平面对称，被积函数 z 关于 xOy 平面为相反数，故可以得到

$$\iint_\Sigma z\mathrm{d}S=0.$$

2. $\sqrt{2}\pi a^3$.

解 Σ 位于柱面 $x^2+y^2=a^2$ 内的部分在 xOy 平面的投影为 D_{xy}，则 $D_{xy}:x^2+y^2\leqslant a^2$，利用对面积的曲面积分的计算公式可以得到

$$\iint_\Sigma(x+z)\mathrm{d}S=\iint_{D_{xy}}(x+a-x)\sqrt{1+1+0}\mathrm{d}x\mathrm{d}y=\sqrt{2}\pi a^3.$$

二、1. D.

解 部分锥面 Σ 在 xOy 平面的投影为 D_{xy}，则 $D_{xy}:x^2+y^2\leqslant 1$，利用对面积的曲面积分的计算公式可以得到

$$\iint_\Sigma(x^2+y^2)\mathrm{d}S=\iint_{D_{xy}}(x^2+y^2)\sqrt{1+\dfrac{x^2}{x^2+y^2}+\dfrac{y^2}{x^2+y^2}}\mathrm{d}x\mathrm{d}y=\sqrt{2}\int_0^{2\pi}\mathrm{d}\theta\int_0^1 r^2\cdot r\mathrm{d}r,$$

故选 D.

2. D.

解 曲面 Σ 在 xOy 平面的投影为 D_{xy}，则 $D_{xy}:x^2+y^2\leqslant 2$，利用对面积的曲面积分的

计算公式可以得到

$$\iint_\Sigma dS = \iint_{D_{xy}} \sqrt{1+4x^2+4y^2}\,dx\,dy = \int_0^{2\pi} d\theta \int_0^{\sqrt{2}} \sqrt{1+4r^2}\,r\,dr,$$

故选 D.

3. C.

解 曲面 Σ 在 xOy 平面的投影为 D_{xy}，则 $D_{xy}: x^2+y^2 \leqslant R^2$，利用对面积的曲面积分的计算公式可以得到

$$\oiint_\Sigma (x^2+y^2+z^2)\,dS = \oiint_\Sigma R^2\,dS = R^2 \times 4\pi R^2 = 4\pi R^4,$$

故选 C.

三、1. 解 曲面 Σ 在 xOy 平面的投影为 D_{xy}，则 $D_{xy}: x^2+y^2 \leqslant 1$，将 Σ 分为锥面 Σ_1 和顶盖 Σ_2 两个曲面，利用对面积的曲面积分的计算公式可以得到

$$\oiint_\Sigma (x^2+y^2)\,dS = \oiint_{\Sigma_1} (x^2+y^2)\,dS + \oiint_{\Sigma_2} (x^2+y^2)\,dS$$

$$= \iint_{D_{xy}} (x^2+y^2)\sqrt{1+1}\,dx\,dy + \iint_{D_{xy}} (x^2+y^2)\,dx\,dy$$

$$= \sqrt{2} \int_0^{2\pi} d\theta \int_0^1 \rho^3\,d\rho + \int_0^{2\pi} d\theta \int_0^1 \rho^3\,d\rho = \frac{\pi}{2}(\sqrt{2}+1).$$

2. 解 曲面 Σ 在 xOy 平面的投影为 D_{xy}，利用对面积的曲面积分的计算公式可以得到

$$\iint_\Sigma \left(z+2x+\frac{4}{3}y\right)dS = \iint_{D_{xy}} \left[4\left(1-\frac{y}{3}-\frac{x}{2}\right)+2x+\frac{4}{3}y\right] \sqrt{1+4+\frac{16}{9}}\,dx\,dy = 4\sqrt{61}.$$

3. 解 抛物面壳在 xOy 平面的投影为 D_{xy}，利用对面积的曲面积分的计算公式可以得到，物体的质量

$$M = \iint_\Sigma z\,dS = \iint_{D_{xy}} \frac{1}{2}(x^2+y^2)\sqrt{1+x^2+y^2}\,dx\,dy$$

$$= \int_0^{2\pi} d\theta \int_0^{\sqrt{2}} \frac{1}{2}\rho^2 \sqrt{1+\rho^4}\cdot\rho\,d\rho = \frac{\pi}{2} \int_0^{\sqrt{2}} \rho^2 \sqrt{1+\rho^2}\,d(\rho^2)$$

令 $u=\rho^2$，则 $M = \frac{\pi}{2} \int_0^2 u\sqrt{1+u}\,du$. 再令 $v=\sqrt{1+u}$，那么 $M = \frac{\pi}{2} \int_0^{\sqrt{3}} (v^3-v)\cdot 2v\,dv = \frac{2\pi}{15}(6\sqrt{3}+1).$

四、1. 解 Σ 在 xOy 平面的投影为 D，显然 Σ 和 D 是相同的，利用对面积的曲面积分的计算公式可以得到

$$\iint_\Sigma f(x,y,z)\,dS = \iint_D f(x,y,0)\,dx\,dy.$$

2. 解 由题意得

$$I_x = \iint_\Sigma (y^2+z^2)\rho(x,y,z)\,dS, \quad I_y = \iint_\Sigma (x^2+z^2)\rho(x,y,z)\,dS.$$

习题 11-5

一、1. 0.

解 可以利用 xOz 平面将曲面 $z^2=x^2+y^2$ 分成两部分,分前后两侧来考虑,这两部分在 yOz 平面上的投影都是三角形,利用第二型曲面积分的公式可以得到

$$\iint\limits_{\Sigma}(y-z)\mathrm{d}y\mathrm{d}z=\int_0^h\mathrm{d}z\int_{-z}^{z}(y-z)\mathrm{d}y-\int_0^h\mathrm{d}z\int_{-z}^{z}(y-z)\mathrm{d}y=0.$$

2. $-\int_0^{2\pi}\mathrm{d}\theta\int_1^2 \mathrm{e}^\rho\mathrm{d}\rho.$

解 锥面 $z=\sqrt{x^2+y^2}$ $(1\leqslant z\leqslant 2)$ 在 xOy 平面上的投影为圆环 $1\leqslant x^2+y^2\leqslant 4$,由于取锥面的下侧,下侧为负,故利用第二型曲面积分的公式可以得到

$$\iint\limits_{\Sigma}\frac{\mathrm{e}^z}{\sqrt{x^2+y^2}}\mathrm{d}x\mathrm{d}y=-\iint\limits_{1\leqslant x^2+y^2\leqslant 4}\frac{\mathrm{e}^{\sqrt{x^2+y^2}}}{\sqrt{x^2+y^2}}\mathrm{d}x\mathrm{d}y=-\int_0^{2\pi}\mathrm{d}\theta\int_1^2\mathrm{e}^\rho\mathrm{d}\rho.$$

3. $\mathrm{e}\int_0^{2\pi}\mathrm{d}\theta\int_0^1 \rho\mathrm{d}\rho.$

解 平面 $z=1$ 被锥面 $z=\sqrt{x^2+y^2}$ 所截曲面上侧在 xOy 平面上的投影为圆 $x^2+y^2\leqslant 1$,故利用第二型曲面积分的公式可以得到

$$\iint\limits_{\Sigma}\mathrm{e}^z\mathrm{d}x\mathrm{d}y=\mathrm{e}\int_0^{2\pi}\mathrm{d}\theta\int_0^1 \rho\mathrm{d}\rho.$$

二、1. A.

解 将曲面 Σ 沿 xOy 平面分为上下两个半球面,两个半球面在 xOy 平面上的投影为 D_{xy},则 $D_{xy}:x^2+y^2\leqslant a^2$,由于被积函数为 z^2,但是上侧取正,下侧取负,利用对坐标的曲面积分的计算公式及对称性可以得到 $\oiint\limits_{\Sigma}z^2\mathrm{d}x\mathrm{d}y=0$,故选 A.

2. B.

解 曲面 Σ 在 xOy 平面上的投影为 D_{xy},则 $D_{xy}:x^2+y^2\leqslant R^2$,下侧取负,利用对坐标的曲面积分的计算公式可以得到

$$\iint\limits_{\Sigma}z\mathrm{d}x\mathrm{d}y=-\iint\limits_{D_{xy}}-\sqrt{R^2-(x^2+y^2)}\mathrm{d}x\mathrm{d}y=\int_0^{2\pi}\mathrm{d}\theta\int_0^R\sqrt{R^2-r^2}r\mathrm{d}r,$$

故选 B.

三、1. 解 曲面 Σ 在 xOy 平面上的投影为 D_{xy},则 $D_{xy}:x^2+y^2\leqslant R^2$,下侧取负,利用对坐标的曲面积分的计算公式可以得到

$$\iint\limits_{\Sigma}x^2y^2\mathrm{d}x\mathrm{d}y=-\iint\limits_{D_{xy}}x^2y^2\mathrm{d}x\mathrm{d}y=-\int_0^{2\pi}\mathrm{d}\theta\int_0^R\rho^4\sin^2\theta\cos^2\theta\rho\mathrm{d}\rho=-\frac{1}{24}\pi R^6.$$

2. 解 曲面 Σ 在 xOy 平面上的投影为 D_{xy},在 yOz 平面上的投影为 D_{yz},在 xOz 平面上的投影为 D_{xz},利用对坐标的曲面积分的计算公式可以得到

$$\iint\limits_{\Sigma}z\mathrm{d}x\mathrm{d}y+x\mathrm{d}y\mathrm{d}z+y\mathrm{d}z\mathrm{d}x=\iint\limits_{D_{xy}}z\cdot 0\mathrm{d}x\mathrm{d}y+\iint\limits_{D_{yz}}\sqrt{1-y^2}\mathrm{d}y\mathrm{d}z+\iint\limits_{D_{xz}}\sqrt{1-x^2}\mathrm{d}x\mathrm{d}z$$

$$=\int_0^1\sqrt{1-y^2}\mathrm{d}y\int_0^3\mathrm{d}z+\int_0^1\sqrt{1-x^2}\mathrm{d}x\int_0^3\mathrm{d}z$$

$$=2\int_0^1 \sqrt{1-u^2}\,\mathrm{d}u\int_0^3 \mathrm{d}v = \frac{3}{2}\pi.$$

四、1. 解 曲面 Σ 在 xOy 平面上的投影为 D_{xy}，曲面上的点都满足 $z=0$，由于 Σ 的正反两面的不确定性，利用对坐标的曲面积分的计算公式可以得到

$$\iint_\Sigma R(x,y,z)\mathrm{d}S = \pm\iint_{D_{xy}} R(x,y,0)\mathrm{d}x\mathrm{d}y.$$

2. 解 由平面 $3x+2y+2\sqrt{3}z=6$ 可以得到平面的法向量为 $\boldsymbol{n}=(3,2,2\sqrt{3})$，进而可以得到

$$\cos\alpha = \frac{3}{5},\ \cos\beta = \frac{2}{5},\ \cos\gamma = \frac{2\sqrt{3}}{5},$$

利用对坐标的曲面积分与对面积的曲面积分的联系可以得到

$$\iint_\Sigma P(x,y,z)\mathrm{d}y\mathrm{d}z + Q(x,y,z)\mathrm{d}z\mathrm{d}x + R(x,y,z)\mathrm{d}x\mathrm{d}y$$

$$=\iint_\Sigma (P\cos\alpha + Q\cos\beta + R\cos\gamma)\mathrm{d}S$$

$$=\iint_\Sigma \left(\frac{3}{5}P + \frac{2}{5}Q + R\frac{2\sqrt{3}}{5}\right)\mathrm{d}S.$$

习题 11-6

一、1. $\dfrac{2}{3}\pi R^3$.

解 通过添加辅助面的方法可以得到一封闭的半球 Ω，利用高斯公式可以得到

$$\iint_\Sigma z\mathrm{d}x\mathrm{d}y = \iiint_\Omega \mathrm{d}x\mathrm{d}y\mathrm{d}z - \iint_{x^2+y^2\leqslant R^2} z\mathrm{d}x\mathrm{d}y = \frac{2}{3}\pi R^3.$$

2. $\dfrac{4}{5}\pi R^5$.

解 利用高斯公式可以得到

$$\oiint_\Sigma x^2 z\mathrm{d}x\mathrm{d}y + y^2 x\mathrm{d}y\mathrm{d}z + z^2 y\mathrm{d}z\mathrm{d}x = \int_0^{2\pi}\mathrm{d}\theta\int_0^\pi \sin\varphi\mathrm{d}\varphi\int_0^R r^2\cdot r^2\mathrm{d}r$$

$$=\frac{2\pi R^5}{5}(-\cos\varphi)\Big|_0^\pi = \frac{4}{5}\pi R^5.$$

3. $y\mathrm{e}^{xy} - x\sin y - 2xz\sin(xz^2)$.

解 直接利用公式可以得到其散度为 $y\mathrm{e}^{xy} - x\sin y - 2xz\sin(xz^2)$.

二、计算题

1.（1）**解** 设 Σ 围成的区域为 Ω，利用高斯公式可以得到

$$\oiint_\Sigma x^2\mathrm{d}y\mathrm{d}z + y^2\mathrm{d}z\mathrm{d}x + z^2\mathrm{d}x\mathrm{d}y = \iiint_\Omega (2x+2y+2z)\mathrm{d}x\mathrm{d}y\mathrm{d}z = 2\iiint_\Omega (x+y+z)\mathrm{d}x\mathrm{d}y\mathrm{d}z$$

$$=2\int_0^a \mathrm{d}x\int_0^a \mathrm{d}y\int_0^a (x+y+z)\mathrm{d}z = 3a^4.$$

(2) **解** 设 Σ 围成的区域为 Ω，利用高斯公式可以得到

$$\oiint_{\Sigma} xz^2 \,\mathrm{d}y\,\mathrm{d}z + (x^2 y - z^3)\,\mathrm{d}z\,\mathrm{d}x + (2xy + y^2 z)\,\mathrm{d}x\,\mathrm{d}y = \iiint_{\Omega}(z^2 + x^2 + y^2)\,\mathrm{d}x\,\mathrm{d}y\,\mathrm{d}z$$

$$= \int_0^{2\pi}\mathrm{d}\theta\int_0^{\frac{\pi}{2}}\mathrm{d}\varphi\int_0^a r^2 \cdot r^2 \sin\varphi\,\mathrm{d}r$$

$$= \frac{a^5}{5} 2\pi \int_0^{\frac{\pi}{2}}\sin\varphi\,\mathrm{d}\varphi = \frac{a^5}{5} 2\pi.$$

(3) **解** 设 Σ 围成的区域为 Ω，利用高斯公式可以得到

$$\oiint_{\Sigma} x\,\mathrm{d}y\,\mathrm{d}z + y\,\mathrm{d}z\,\mathrm{d}x + z\,\mathrm{d}x\,\mathrm{d}y = \iiint_{\Omega}(1+1+1)\,\mathrm{d}x\,\mathrm{d}y\,\mathrm{d}z$$

$$= 3\iiint_{\Omega}\mathrm{d}x\,\mathrm{d}y\,\mathrm{d}z = 3 \times \pi \times 9 \times 3 = 81\pi.$$

2. **解** 设立体的全表面为曲面 Σ，Σ 围成的区域为 Ω，由题意可以得到流量为 $\oiint_{\Sigma}(2x-2)\,\mathrm{d}y\,\mathrm{d}z + x^2 y\,\mathrm{d}z\,\mathrm{d}x - xz^2\,\mathrm{d}x\,\mathrm{d}y$，利用高斯公式计算可以得到

$$\oiint_{\Sigma}(2x-2)\,\mathrm{d}y\,\mathrm{d}z + x^2 y\,\mathrm{d}z\,\mathrm{d}x - xz^2\,\mathrm{d}x\,\mathrm{d}y = \iiint_{\Omega}(2 + x^2 - 2xz)\,\mathrm{d}x\,\mathrm{d}y\,\mathrm{d}z$$

$$= \int_0^a \mathrm{d}x\int_0^a \mathrm{d}y\int_0^a (2 + x^2 - 2xz)\,\mathrm{d}z = 2a^3 - \frac{1}{6}a^5.$$

3. **解** 通过添加辅助面的方法可以得到一封闭的半球 Ω，补 $\Sigma_1: x^2 + y^2 \leqslant R^2 (z = 0)$ 下侧，利用高斯公式计算可以得到

$$\oiint_{\Sigma + \Sigma_1} x\,\mathrm{d}y\,\mathrm{d}z + y\,\mathrm{d}z\,\mathrm{d}x + z\,\mathrm{d}x\,\mathrm{d}y = 3\iiint_{\Omega}\mathrm{d}x\,\mathrm{d}y\,\mathrm{d}z.$$

由

$$\iint_{\Sigma} x\,\mathrm{d}y\,\mathrm{d}z + y\,\mathrm{d}z\,\mathrm{d}x + z\,\mathrm{d}x\,\mathrm{d}y + \iint_{\Sigma_1} x\,\mathrm{d}y\,\mathrm{d}z + y\,\mathrm{d}z\,\mathrm{d}x + z\,\mathrm{d}x\,\mathrm{d}y = 3 \times \frac{4}{3} \times \pi R^3 \times \frac{1}{2}$$

得

$$\iint_{\Sigma} x\,\mathrm{d}y\,\mathrm{d}z + y\,\mathrm{d}z\,\mathrm{d}x + z\,\mathrm{d}x\,\mathrm{d}y + 0 = 2\pi R^3$$

所以

$$\iint_{\Sigma} x\,\mathrm{d}y\,\mathrm{d}z + y\,\mathrm{d}z\,\mathrm{d}x + z\,\mathrm{d}x\,\mathrm{d}y = 2\pi R^3.$$

总习题 11

一、1. $\oint_L \sin x\,\mathrm{d}x + \cos x\,\mathrm{d}y$.

解 利用对坐标的曲线积分的定义可以得到功的表达式为

$$\oint_L \sin x\,\mathrm{d}x + \cos x\,\mathrm{d}y.$$

2. 0.

解 利用对弧长的曲线积分的求解公式可以得到

$$\oint_L y\,\mathrm{d}s = \int_0^{2\pi}\sin\theta\,\mathrm{d}\theta = 0.$$

3. 48.

解 利用对弧长的曲线积分的求解公式可以得到
$$\int_C (x+y)\,ds = \int_1^9 (1+y)\,dy = \left(y + \frac{y^2}{2}\right)\bigg|_1^9 = 48.$$

4. $\cos x + x^2 + 1$.

解 直接利用求解公式可以得到
$$\text{div}\boldsymbol{A} = \cos x + x^2 + 1.$$

5. $(-1, 0, -1)$.

解 直接利用定义可以得到
$$\text{rot}\boldsymbol{A} = (-1, 0, -1).$$

6. S.

解 直接利用对面积的曲面积分的几何意义可以得到 $\iint_\Sigma dS = S$.

7. 向下.

解 直接利用对坐标的曲面积分的求解公式可以得到,如果 $\iint_\Sigma dx\,dy = -\iint_D dx\,dy$,则 Σ 的方向为向下.

8. $\dfrac{\partial Q}{\partial x} = \dfrac{\partial P}{\partial y}$.

解 $P(x,y)dx + Q(x,y)dy$ 为全微分形式的充要条件为 $\dfrac{\partial Q}{\partial x} = \dfrac{\partial P}{\partial y}$.

9. $2y - 1$.

解 积分 $\int_A^B (x+y^2)dx + x(1+f(y))dy$ 与路径无关,则应该满足 $\dfrac{\partial Q}{\partial x} = \dfrac{\partial P}{\partial y}$,即 $2y = 1 + f(y)$,故可以得到 $f(y) = 2y - 1$.

10. $\dfrac{\int_\Gamma x\rho(x,y,z)ds}{\int_\Gamma \rho(x,y,z)ds}$.

解 利用重心坐标的求解公式直接可以得到,重心横坐标为
$$\frac{\int_\Gamma x\rho(x,y,z)ds}{\int_\Gamma \rho(x,y,z)ds}.$$

二、1. **解** 曲线 C 为 $y = x^2$, $0 \leq x \leq 1$,利用对弧长的曲线积分的计算公式可以得到
$$\int_C x^3\,ds = \int_0^1 x^3\sqrt{1+4x^2}\,dx = \frac{1}{120} + \frac{5}{24}\sqrt{5}.$$

2. **解** 曲线 Γ 为 $x = t$, $y = t^2$, $z = t^3$, $t: 1 \to 0$,利用对坐标的曲线积分的计算公式可以得到
$$\int_\Gamma x\,dz + xy\,dy = \int_1^0 t \cdot 3t^2\,dt + t \cdot t^2 \cdot 2t\,dt = \int_1^0 (3t^3 + 2t^4)\,dt = -\frac{23}{20}.$$

3. **解** 利用格林公式可以得到

$$\oint_C xy^2 dy - x^2 y dx = \iint_D \left(\frac{\partial Q}{\partial x} - \frac{\partial P}{\partial y}\right) dx dy = \iint_D (y^2 + x^2) dx dy = \int_0^{2\pi} d\theta \int_0^a \rho^2 \rho d\rho = \frac{\pi a^4}{2}.$$

4. **解** 由题意，$\frac{\partial Q}{\partial x} = e^y = \frac{\partial P}{\partial y}$，故可以得到积分与路径无关，选择较为简单的路径 OA，AB，利用对坐标的曲线积分的计算公式可以得到

$$\int_C (e^y + x) dx + (xe^y - 2y) dy$$
$$= \int_{OA} (e^y + x) dx + (xe^y - 2y) dy + \int_{AB} (e^y + x) dx + (xe^y - 2y) dy$$
$$= \int_0^1 (1 + x) dx + \int_0^2 (e^y - 2y) dy = e^2 - \frac{7}{2}.$$

三、1. 解 设 Σ 在第一挂限的部分为 Σ_1，利用对称性可以得到 $\iint_\Sigma \left|\frac{xy}{z}\right| dS = 4\iint_{\Sigma_1} \frac{xy}{z} dS$，利用对面积的曲面积分的计算公式可以得到

$$\iint_\Sigma \left|\frac{xy}{z}\right| dS = 4\iint_{D_{xy}} \frac{2xy}{x^2 + y^2} \sqrt{1 + x^2 + y^2} dx dy$$
$$= 8\int_0^{\frac{\pi}{2}} d\theta \int_1^2 \frac{\rho \cos\theta \rho \sin\theta}{\rho^2} \sqrt{1 + \rho^2} \rho d\rho$$
$$= \frac{4}{3}(5\sqrt{5} - 2\sqrt{2}).$$

2. **解** 设 Σ 分为两部分 $\Sigma_1: z = \sqrt{x^2 + y^2}$ 和 $\Sigma_2: z = 4$，Σ_1 和 Σ_2 在 xOy 平面上的投影为 $D_{xy} = \{(x, y) | x^2 + y^2 \leq 16\}$，利用对面积的曲面积分的计算公式可以得到

$$\oiint_\Sigma (x^2 + y^2 + 1) dS = \iint_{\Sigma_1} (x^2 + y^2 + 1) dS + \iint_{\Sigma_2} (x^2 + y^2 + 1) dS$$
$$= \iint_{D_{xy}} (x^2 + y^2 + 1) \sqrt{1 + \frac{x^2}{x^2 + y^2} + \frac{y^2}{x^2 + y^2}} dx dy + \iint_{D_{xy}} (x^2 + y^2 + 1) dx dy$$
$$= \sqrt{2} \iint_{D_{xy}} (x^2 + y^2 + 1) dx dy + \iint_{D_{xy}} (x^2 + y^2 + 1) dx dy$$
$$= (\sqrt{2} + 1) \int_0^{2\pi} d\theta \int_0^4 (1 + \rho^2) \rho d\rho = 144\pi(\sqrt{2} + 1).$$

3. **解** 设 Σ 所围区域为 Ω，直接利用高斯公式可以得到

$$\oiint_\Sigma y^2 z dx dy + z^2 x dy dz + x^2 y dz dx = \iiint_\Omega (z^2 + x^2 + y^2) dx dy dz$$
$$= \int_0^{\frac{\pi}{2}} d\theta \int_0^1 \rho d\rho \int_0^{\rho^2} (z^2 + \rho^2) dz = \frac{5\pi}{48}.$$

4. **解** 设 Σ 所围区域为 Ω，直接利用高斯公式可以得到

$$\oiint_\Sigma (x - y) dx dy + (y - z) x dy dz = \iiint_\Omega (y - z + 0 + 0) dx dy dz = \iiint_\Omega (y - z) dx dy dz$$

$$= \int_0^{2\pi} d\theta \int_0^1 \rho d\rho \int_0^1 (\rho\sin\theta - z)dz$$

$$= -\frac{\pi}{2}.$$

四、解 由题意,$\dfrac{\partial Q}{\partial x} = 30xy^2 - 12y^3 = \dfrac{\partial P}{\partial y}$,故

$$(4x^3 + 10xy^3 - 3y^4)dx + (15x^2y^2 - 12xy^3 + 5y^4)dy$$

为某个函数 $u(x,y)$ 的全微分,利用原函数的求解公式可以得到

$$u(x,y) = \int_{(0,0)}^{(x,y)} Pdx + Qdy = \int_0^x P(x,0)dx + \int_0^y Q(x,y)dy$$

$$= \int_0^x 4x^3 dx + \int_0^y (15x^2y^2 - 12xy^3 + 5y^4)dy$$

$$= x^4 + 5x^2y^3 - 3xy^4 + y^5.$$

五、解 补 $\Sigma_1 : x^2 + y^2 \leqslant 9(z=0)$ 下侧,可以得到一个封闭的曲面记为 $\Sigma + \Sigma_1$,所围区域为 Ω,故可以利用高斯公式进行求解,得到

$$\iint_\Sigma xz^2 dydz + (yx^2 - z^3)dzdx + (2x + y^2z)dxdy$$

$$= \iint_{\Sigma+\Sigma_1} xz^2 dydz + (yx^2 - z^3)dzdx + (2x + y^2z)dxdy -$$

$$\iint_{\Sigma_1} xz^2 dydz + (yx^2 - z^3)dzdx + (2x + y^2z)dxdy$$

$$= \iiint_\Omega (z^2 + x^2 + y^2)dxdydz - \iint_D 2xdxdy$$

$$= \int_0^{2\pi} d\theta \int_0^{\frac{\pi}{2}} d\varphi \int_0^3 r^2 \cdot r^2 \sin\varphi dr - \int_0^{2\pi} d\theta \int_0^3 2\rho\cos\theta \rho d\rho$$

$$= \frac{486\pi}{5} - \int_0^{2\pi} d\theta \int_0^3 2\rho\cos\theta \rho d\rho = \frac{486\pi}{5}.$$

第 12 章 无 穷 级 数

习题 12-1

一、1. C.

解 因为 $\sum\limits_{n=1}^{\infty}(u_n + 1)$ 收敛,所以 $\lim\limits_{n\to\infty}(u_n + 1) = 0$,故 $\lim\limits_{n\to\infty} u_n = -1$.

2. C.

解 反证法. 假设 $\sum\limits_{n=1}^{\infty}(u_n + kv_n)$ 收敛,又因为 $\sum\limits_{n=1}^{\infty} u_n$ 收敛,则

$$\sum_{n=1}^{\infty}[(u_n + kv_n) - u_n] = \sum_{n=1}^{\infty} kv_n = k\sum_{n=1}^{\infty} v_n,$$

且 $k \neq 0$，故 $\sum\limits_{n=1}^{\infty} v_n$ 也收敛，与已知 $\sum\limits_{n=1}^{\infty} v_n$ 发散矛盾.

因此 $\sum\limits_{n=1}^{\infty}(u_n + kv_n)$ 不收敛，即发散.

3. A.

解 在级数中去掉、加上或改变有限项，不会改变级数收敛性.

4. B.

解 $\sum\limits_{n=1}^{\infty} u_n$ 收敛，所以部分和数列 $\{s_n\}$ 有极限 S.

二、1. **解** 此级数为公比 $q = -\dfrac{2}{3}$ 的等比级数，因为 $|q| < 1$，故该级数收敛.

2. **解** 该级数的部分和 $S_n = \dfrac{1}{2}\left(1 + \dfrac{1}{2} + \dfrac{1}{3} + \cdots + \dfrac{1}{n}\right)$，而

$$\lim_{n \to \infty}\left(1 + \dfrac{1}{2} + \dfrac{1}{3} + \cdots + \dfrac{1}{n}\right) = +\infty,$$

故 $\lim\limits_{n \to \infty} S_n = +\infty$，即该级数发散.

3. **解** 级数一般项 $u_n = \dfrac{1}{\sqrt[n]{2}}$，$\lim\limits_{n \to \infty} u_n = \lim\limits_{n \to \infty}\left(\dfrac{1}{2}\right)^{\frac{1}{n}} = 1$，不满足级数收敛必要条件，故该级数发散.

4. **解** $u_n = \dfrac{1}{3^n} + \dfrac{1}{5^n}$，注意到 $\sum\limits_{n=1}^{\infty} \dfrac{1}{3^n}$ 与 $\sum\limits_{n=1}^{\infty} \dfrac{1}{5^n}$ 分别是公比 $q = \dfrac{1}{3}$ 与 $q = \dfrac{1}{5}$ 的等比级数，而 $|q| < 1$，故 $\sum\limits_{n=1}^{\infty} \dfrac{1}{3^n}$ 与 $\sum\limits_{n=1}^{\infty} \dfrac{1}{5^n}$ 均收敛，因此 $\sum\limits_{n=1}^{\infty}\left(\dfrac{1}{3^n} + \dfrac{1}{5^n}\right)$ 收敛.

三、**解** $s_n = \ln\left(\dfrac{2^2 - 1}{2^2} \dfrac{3^2 - 1}{3^2} \dfrac{4^2 - 1}{4^2} \cdots \dfrac{n^2 - 1}{n^2}\right)$

$= \ln \dfrac{(2+1)(2-1)}{2 \cdot 2} \dfrac{(3+1)(3-1)}{3^2} \dfrac{(4+1)(4-1)}{4^2} \cdots \dfrac{(n+1)(n-1)}{n^2}$,

所以 $\lim\limits_{n \to \infty} s_n = \ln\left(\dfrac{n+1}{2n}\right) = -\ln 2$，据级数收敛定义，部分和 s_n 有极限，因此级数收敛.

习题 12-2

一、1. C.

2. D.

解 $\sum\limits_{n=1}^{\infty} \dfrac{1}{n}\sin\dfrac{1}{n}$ 为正项级数，因为正项级数 $\sum\limits_{n=1}^{\infty} \dfrac{1}{n^2}$ 收敛，而

$$\lim_{n \to \infty} \dfrac{\dfrac{1}{n}\sin\dfrac{1}{n}}{\dfrac{1}{n^2}} = 1,$$

所以据正项级数比较审敛法极限形式知，正项级数 $\sum\limits_{n=1}^{\infty} \dfrac{1}{n}\sin\dfrac{1}{n}$ 收敛.

3. C.

解 对于正项级数 $\sum\limits_{n=1}^{\infty} \dfrac{n}{2^n}$,因为

$$\lim_{n\to\infty} \dfrac{u_{n+1}}{u_n} = \lim_{n\to\infty} \dfrac{n+1}{2^{n+1}} \cdot \dfrac{2^n}{n} = \dfrac{1}{2} < 1,$$

所以正项级数 $\sum\limits_{n=1}^{\infty} \dfrac{n}{2^n}$ 收敛. 又因为 $\sum\limits_{n=1}^{\infty} \dfrac{n\cos^2 \dfrac{n\pi}{3}}{2^n}$ 为正项级数,且 $\dfrac{n\cos^2 \dfrac{n\pi}{3}}{2^n} \leqslant \dfrac{n}{2^n}$,所以据正项级数比较审敛法知,正项级数 $\sum\limits_{n=1}^{\infty} \dfrac{n\cos^2 \dfrac{n\pi}{3}}{2^n}$ 收敛.

二、1. **解** 因为 $n\left(\dfrac{a}{b}\right)^n > 0$,且

$$\lim_{n\to\infty} \dfrac{u_{n+1}}{u_n} = \lim_{n\to\infty} \dfrac{(n+1)}{1} \dfrac{a^{n+1}}{b^{n+1}} \cdot \dfrac{1}{n} \dfrac{b^n}{a^n} = \dfrac{a}{b},$$

所以当 $a < b$ 时,$\lim\limits_{n\to\infty} \dfrac{u_{n+1}}{u_n} < 1$,原级数收敛;当 $a > b$ 时,$\lim\limits_{n\to\infty} \dfrac{u_{n+1}}{u_n} > 1$,原级数发散;当 $a = b$ 时,$\sum\limits_{n=1}^{\infty} n\left(\dfrac{a}{b}\right)^n = \sum\limits_{n=1}^{\infty} n$,发散.

2. **解** 因为 $\dfrac{3^n+2^n}{7^n+5^n} = \left(\dfrac{3}{7}\right)^n \dfrac{1+\left(\dfrac{2}{3}\right)^n}{1+\left(\dfrac{5}{7}\right)^n} > 0$,且 $\lim\limits_{n\to\infty} \dfrac{\left(\dfrac{3}{7}\right)^n \dfrac{1+\left(\dfrac{2}{3}\right)^n}{1+\left(\dfrac{5}{7}\right)^n}}{\left(\dfrac{3}{7}\right)^n} = 1$,而正项级数 $\sum\limits_{n=1}^{\infty} \left(\dfrac{3}{7}\right)^n$ 收敛,所以正项级数 $\sum\limits_{n=1}^{\infty} \dfrac{3^n+2^n}{7^n+5^n}$ 收敛.

3. **解** 因为 $\lim\limits_{n\to\infty} \dfrac{\left(1+\dfrac{1}{n}\right)q^n}{q^n} = 1$,且 $\left(1+\dfrac{1}{n}\right)q^n > 0, q^n > 0$,所以当 $0 < q < 1$ 时,$\sum\limits_{n=1}^{\infty} q^n$ 收敛,从而 $\sum\limits_{n=1}^{\infty} \left(1+\dfrac{1}{n}\right)q^n$ 收敛.

4. **解** 因为

$$\lim_{n\to\infty} \left(1-\dfrac{1}{n}\right)^n = \lim_{n\to\infty} \left[\left(1-\dfrac{1}{n}\right)^{-n}\right]^{-1} = \dfrac{1}{e} \neq 0,$$

所以据级数收敛的必要条件有 $\sum\limits_{n=1}^{\infty} \left(1-\dfrac{1}{n}\right)^n$ 发散.

5. **解** 因为 $\left(\dfrac{n}{6n+1}\right)^{2n} > 0$,且

$$\lim_{n\to\infty} \left[\left(\dfrac{n}{6n+1}\right)^{2n}\right]^{\frac{1}{n}} = \lim_{n\to\infty} \left(\dfrac{n}{6n+1}\right)^2 = \dfrac{1}{36} < 1,$$

所以据正项级数的根值审敛法，原级数收敛．

三、1. 解 （1）$\sum_{n=1}^{\infty}|u_n|=\frac{1}{\sqrt[3]{2}}\sum_{n=1}^{\infty}\frac{1}{\sqrt[3]{n}}=\frac{1}{\sqrt[3]{2}}\sum_{n=1}^{\infty}\frac{1}{n^{\frac{1}{3}}}$，因为$\sum_{n=1}^{\infty}\frac{1}{n^{\frac{1}{3}}}$发散，所以$\sum_{n=1}^{\infty}|u_n|$发散，所以原级数不是绝对收敛．

（2）$u_n \geqslant u_{n+1}$，$\lim_{n\to\infty}|u_n|=\lim_{n\to\infty}\frac{1}{\sqrt[3]{2n}}=0$，所以交错级数$\sum_{n=1}^{\infty}(-1)^n\frac{1}{\sqrt[3]{2n}}$收敛，又因为原级数不是绝对收敛，所以原级数条件收敛．

2. 解 因为
$$\lim_{n\to\infty}\left|\frac{u_{n+1}}{u_n}\right|=\lim_{n\to\infty}\frac{1}{5}\cdot\frac{2n+3}{2n+1}=\frac{1}{5}<1,$$
由比值审敛法知$\sum_{n=1}^{\infty}|u_n|$收敛，故原级数绝对收敛．

3. 解 $|u_n|=\frac{\left|\cos\frac{2n\pi}{3}\right|}{n^{\frac{3}{2}}}\leqslant\frac{1}{n^{\frac{3}{2}}}=v_n$，而级数$\sum_{n=1}^{\infty}\frac{1}{n^{\frac{3}{2}}}$是收敛的（$p$-级数，$p>1$时收敛），根据比较审敛法，$\sum_{n=1}^{\infty}|u_n|$收敛，故原级数绝对收敛．

4. 解 （1）$|u_n|=\frac{1}{n}+\frac{1}{n^2}>\frac{1}{n}=v_n$，而级数$\sum_{n=1}^{\infty}\frac{1}{n}$是发散的．所以$\sum_{n=1}^{\infty}|u_n|$是发散，原级数不是绝对收敛的．

（2）原级数$=\sum_{n=1}^{\infty}\left[(-1)^n\frac{1}{n}+(-1)^n\frac{1}{n^2}\right]$，$\sum_{n=1}^{\infty}(-1)^n\frac{1}{n}$收敛，$\sum_{n=1}^{\infty}(-1)^n\frac{1}{n^2}$也收敛．所以原级数收敛，又因为原级数不是绝对收敛，所以原级数条件收敛．

四、1. 证明 令$\sum_{n=1}^{\infty}u_n=\sum_{n=1}^{\infty}\frac{1}{n^n}\bigg/\frac{1}{n!}=\sum_{n=1}^{\infty}\frac{n!}{n^n}$，所以$u_n>0$，又因为
$$\lim_{n\to\infty}\frac{u_{n+1}}{u_n}=\lim_{n\to\infty}\left(\frac{n}{n+1}\right)^n=\lim_{n\to\infty}\frac{1}{\left(1+\frac{1}{n}\right)^n}=\frac{1}{\mathrm{e}}<1,$$
所以级数$\sum_{n=1}^{\infty}u_n$收敛，故$\lim_{n\to\infty}u_n=0$，因此$\lim_{n\to\infty}\frac{1}{n^n}\bigg/\frac{1}{n!}=0$得证．

2. 解 因为正项级数$\sum_{n=1}^{\infty}u_n$收敛，所以$\lim_{n\to\infty}u_n=0$，故
$$\lim_{n\to\infty}\frac{u_n^2}{u_n}=\lim_{n\to\infty}u_n=0,$$
因此由比较审敛法的极限形式知$\sum_{n=1}^{\infty}u_n^2$也收敛．

习题 12-3

一、1. 解 （1）$\lim_{n\to\infty}\left|\frac{a_{n+1}}{a_n}\right|=\lim_{n\to\infty}\frac{n}{n+1}=1$，故收敛性半径为1；而在$x=1$处，$\sum_{n=1}^{\infty}\frac{1}{n}$

发散；$x=-1$ 处，$\sum\limits_{n=1}^{\infty}(-1)^n\dfrac{1}{n}$ 收敛. 所以收敛域为 $[-1,1)$.

(2) $\left(\sum\limits_{n=1}^{\infty}\dfrac{x^n}{n}\right)'=\sum\limits_{n=1}^{\infty}\left(\dfrac{x^n}{n}\right)'=\sum\limits_{n=1}^{\infty}x^{n-1}=\dfrac{1}{1-x}$，在上式两端分别从 0 至 x 积分，并由于 $\sum\limits_{n=1}^{\infty}\dfrac{x^n}{n}$ 在 $x=0$ 处收敛于 0，故

$$\sum_{n=1}^{\infty}\dfrac{x^n}{n}=\int_0^x\dfrac{1}{1-x}\mathrm{d}x=-\ln(1-x).$$

2. **解** (1) 这是缺偶次幂项的级数，把 $\sum\limits_{n=1}^{\infty}\dfrac{1}{n}x^{2n-1}$ 视为数项级数的一般项 u_n，由于

$$\lim_{n\to\infty}\left|\dfrac{u_{n+1}}{u_n}\right|=\lim_{n\to\infty}\dfrac{n}{n+1}\dfrac{|x^{2n+1}|}{|x^{2n-1}|}=|x^2|,$$

所以当 $|x|<1$ 时，级数绝对收敛；当 $|x|>1$ 时，因一般项 u_n（当 $n\to\infty$）时极限不为 0，故级数发散，因此级数收敛半径为 1.

当 $x=1$ 时，级数 $\sum\limits_{n=1}^{\infty}\dfrac{1}{n}$ 发散；当 $x=-1$ 时，级数 $\sum\limits_{n=1}^{\infty}\left(-\dfrac{1}{n}\right)$ 发散，所以收敛域为 $(-1,1)$.

(2) 设和函数为 $s(x)$，则

$$s(x)=\sum_{n=1}^{\infty}\dfrac{1}{n}x^{2n-1},\quad x\in(-1,1),$$

于是 $x\cdot s(x)=\sum\limits_{n=1}^{\infty}\dfrac{x^{2n}}{n}$，在上式两端分别逐项求导，得

$$[x\cdot s(x)]'=\sum_{n=1}^{\infty}\left(\dfrac{x^{2n}}{n}\right)'=\sum_{n=1}^{\infty}2\cdot x^{2n-1}=2\sum_{n=1}^{\infty}x^{2n-1}=2\cdot\dfrac{x}{1-x^2},$$

然后两端分别从 0 至 x 积分，得

$$x\cdot s(x)=\int_0^x\dfrac{2x}{1-x^2}\mathrm{d}x=-\ln(1-x^2),$$

于是，当 $x\neq 0$ 时，有 $s(x)=-\dfrac{1}{x}\cdot\ln(1-x^2)$；当 $x=0$ 时，有 $s(0)=0$.

二、1. A.

解 $\sum\limits_{n=1}^{\infty}a_nx^n$ 在 $x=-2$ 处收敛，$\sum\limits_{n=1}^{\infty}a_n$ 为级数当 $x=1$ 时，由于 $|1|<|-2|$，根据阿贝尔定理，$\sum\limits_{n=1}^{\infty}a_n$ 绝对收敛.

2. B.

解 (1) $\sum\limits_{n=1}^{\infty}a_nx^n$ 对应的 $\rho_1=\lim\limits_{n\to\infty}\left|\dfrac{a_{n+1}}{a_n}\right|$；

(2) 令 $x-1=t$，有 $\sum\limits_{n=1}^{\infty}2a_n(x-1)^n=\sum\limits_{n=1}^{\infty}2a_nt^n$，则 $\rho_2=\lim\limits_{n\to\infty}\left|\dfrac{2a_{n+1}}{2a_n}\right|=\lim\limits_{n\to\infty}\left|\dfrac{a_{n+1}}{a_n}\right|$.

所以 $\rho_1 = \rho_2$，因此 $R_1 = R_2$.

3. C.

解 根据收敛级数基本性质可得结论.

三、1. 解 令 $x-1=t$，则原级数化为 $\sum_{n=1}^{\infty} \dfrac{3^n}{n} t^n$. 因为

$$\rho = \lim_{n \to \infty} \left| \dfrac{a_{n+1}}{a_n} \right| = \lim_{n \to \infty} \dfrac{3^{n+1} n}{(n+1) 3^n} = 3,$$

所以收敛半径为 $\dfrac{1}{3}$.

当 $t = \dfrac{1}{3}$ 时，级数成为 $\sum_{n=1}^{\infty} \dfrac{1}{n}$，该级数发散；当 $t = -\dfrac{1}{3}$ 时，级数成为 $\sum_{n=1}^{\infty} (-1)^n \dfrac{1}{n}$，该级数收敛. 所以 $\sum_{n=1}^{\infty} \dfrac{3^n}{n} t^n$ 的收敛域为 $\left[-\dfrac{1}{3}, \dfrac{1}{3} \right)$，即 $-\dfrac{1}{3} \leqslant x-1 < \dfrac{1}{3}$ 时原级数收敛，原级数收敛域为 $x \in \left[\dfrac{2}{3}, \dfrac{4}{3} \right)$.

2. 解 这是缺奇次幂项的级数，把 $\sum_{n=1}^{\infty} \dfrac{x^{2n}}{n 2^n}$ 视为数项级数的一般项 u_n，由于

$$\lim_{n \to \infty} \left| \dfrac{u_{n+1}}{u_n} \right| = \lim_{n \to \infty} \dfrac{n}{2(n+1)} |x^2| = \dfrac{x^2}{2},$$

因而当 $|x| < \sqrt{2}$ 时，级数绝对收敛；当 $|x| > \sqrt{2}$ 时，一般项 u_n 极限不为 $0 (n \to \infty)$，级数发散，故原级数收敛半径为 $\sqrt{2}$.

在 $x = \sqrt{2}$ 处，级数 $\sum_{n=1}^{\infty} \dfrac{1}{n}$ 发散；在 $x = -\sqrt{2}$ 处，级数 $\sum_{n=1}^{\infty} \dfrac{1}{n}$ 发散，所以原级数收敛域为 $(-\sqrt{2}, \sqrt{2})$.

四、1. 解 (1) 因为 $\rho = \lim_{n \to \infty} \left| \dfrac{a_{n+1}}{a_n} \right| = \lim_{n \to \infty} \left| \dfrac{(n+1)(n+2)}{n(n+1)} \right| = 1$，所以收敛半径为 1.

当 $x = 1$ 时，级数成为 $\sum_{n=1}^{\infty} n(n+1)$，发散；当 $x = -1$ 时，级数成为 $\sum_{n=1}^{\infty} n(n+1)(-1)^n$，发散；所以原级数收敛域为 $(-1, 1)$.

(2) $s(x) = \sum_{n=1}^{\infty} n(n+1) x^n$，当 $x \neq 0$ 时，$\dfrac{s(x)}{x} = \sum_{n=1}^{\infty} n(n+1) x^{n-1}$，两端分别从 0 至 x 积分，得 $\int_0^x \dfrac{s(x)}{x} \mathrm{d}x = \sum_{n=1}^{\infty} (n+1) x^n$，两端再分别从 0 至 x 积分，得 $\int_0^x \left(\int_0^x \dfrac{s(x)}{x} \mathrm{d}x \right) \mathrm{d}x = \sum_{n=1}^{\infty} x^{n+1} = \dfrac{x^2}{1-x}$，对两端逐项求导，再次逐项求导，得 $\dfrac{s(x)}{x} = \left(\dfrac{x^2}{1-x} \right)'' = \dfrac{2}{1-x^3}$，所以 $\dfrac{s(x)}{x} = \dfrac{2}{1-x^3}$.

当 $x \neq 0$ 时，$s(x) = \dfrac{2x}{1-x^3}$；当 $x = 0$ 时，$s(x) = 0 = \dfrac{2x}{1-x^3}$. 所以 $s(x) = \dfrac{2x}{1-x^3}, x \in (-1, 1)$.

2. 解 (1) $\rho = \lim\limits_{n \to \infty} \left| \dfrac{a_{n+1}}{a_n} \right| = 1$, 所以 $R = 1$.

当 $x=1$ 时, 级数成为 $\sum\limits_{n=1}^{\infty}(-1)^n \dfrac{1}{n+1}$ 收敛. 当 $x=-1$ 时, 级数成为 $\sum\limits_{n=1}^{\infty} \dfrac{1}{n+1}$ 发散. 所以原级数收敛域为 $(-1,1]$.

(2) 由 $s(x) = \sum\limits_{n=1}^{\infty}(-1)^n \dfrac{1}{n+1} x^n$, 故

$$s(x) \cdot x = \sum_{n=1}^{\infty}(-1)^n \dfrac{1}{n+1} x^{n+1},$$

对上式左右两端分别求导, 得

$$[s(x) \cdot x]' = \sum_{n=1}^{\infty}(-1)^n x^n = \dfrac{-x}{1+x},$$

左右两端从 0 到 x 积分, 得

$$s(x) \cdot x = \int_0^x \dfrac{-x}{1+x} \mathrm{d}x = \ln(1+x) - x,$$

当 $x \neq 0$ 时, $s(x) = \dfrac{\ln(1+x) - x}{x}$; 当 $x=0$ 时, $s(0) = 0$. 所以

$$s(x) = \begin{cases} \dfrac{\ln(1+x)-x}{x}, & x \in (-1,0) \cup (0,1], \\ 0, & x = 0. \end{cases}$$

习题 12-4

一、**解** $\dfrac{1}{1-x} = \sum\limits_{n=0}^{\infty} x^n, x \in (-1,1)$; $\quad e^x = \sum\limits_{n=0}^{\infty} \dfrac{x^n}{n!}, x \in \mathbf{R}$;

$\sin x = \sum\limits_{n=0}^{\infty}(-1)^n \dfrac{x^{2n+1}}{(2n+1)!}, x \in \mathbf{R}$; $\quad \cos x = \sum\limits_{n=0}^{\infty}(-1)^n \dfrac{x^{2n}}{(2n)!}, x \in \mathbf{R}$;

$\ln(1+x) = \sum\limits_{n=0}^{\infty}(-1)^n \dfrac{x^{n+1}}{n+1}, x \in (-1,1]$; $\quad (1+x)^m = \sum\limits_{n=0}^{+\infty} C_m^n x^n, x \in (-1,1)$.

二、1. $\sum\limits_{n=0}^{\infty} C_{-3}^n x^n, x \in (-1,1)$.

2. $\sum\limits_{n=0}^{\infty} \dfrac{(\ln 2)^n}{n!} x^n, x \in (-\infty, +\infty)$.

解 $2^x = e^{x \ln 2} = \sum\limits_{n=0}^{\infty} \dfrac{(\ln 2)^n}{n!} x^n$.

3. $\ln \dfrac{1}{2} + \sum\limits_{n=0}^{\infty}(-1)^n \left(1 - \dfrac{1}{2^{n+1}}\right) \dfrac{(x-1)^{n+1}}{n+1}, x \in (0,2]$.

解 $\ln \dfrac{x}{1+x} = \ln x - \ln(1+x) = \ln[1+(x-1)] - \ln 2 \left[\dfrac{1}{2}(x-1)+1\right]$

$= \ln[(x-1)+1] - \ln 2 - \ln\left[\dfrac{1}{2}(x-1)+1\right]$

$= \sum\limits_{n=0}^{\infty}(-1)^n \dfrac{(x-1)^{n+1}}{n+1} + \ln \dfrac{1}{2} - \sum\limits_{n=0}^{\infty}(-1)^n \dfrac{\dfrac{1}{2^{n+1}}(x-1)^{n+1}}{n+1}$

$$= \ln\frac{1}{2} + \sum_{n=0}^{\infty}(-1)^n\left(1-\frac{1}{2^{n+1}}\right)\frac{(x-1)^{n+1}}{n+1}.$$

收敛区间：$\{x\mid -1<x-1\leqslant 1\ \text{且}\ 0<x\leqslant 2\}\Rightarrow\{x\mid 0<x\leqslant 2\}$.

三、1. **解** 原式 $=\ln(x+2)(x+1)=\ln(x+2)+\ln(x+1)=\ln 2\left(\dfrac{x}{2}+1\right)+\ln(x+1)$

$$=\ln 2+\ln\left(\frac{x}{2}+1\right)+\ln(x+1)$$

$$=\ln 2+\sum_{n=0}^{\infty}(-1)^n\frac{\left(\dfrac{x}{2}\right)^{n+1}}{n+1}+\sum_{n=0}^{\infty}(-1)^n\frac{x^{n+1}}{n+1}$$

$$=\ln 2+\sum_{n=0}^{\infty}\frac{(-1)^n}{n+1}\left(1+\frac{1}{2^{n+1}}\right)x^{n+1},$$

收敛区间：$\left\{x\mid -1<\dfrac{x}{2}\leqslant 1\ \text{且}\ -1<x\leqslant 1\right\}\Rightarrow x\in(-1,1]$.

2. **解** $\cos^2 x=\dfrac{1+\cos 2x}{2}$, $\cos 2x=\sum\limits_{n=0}^{\infty}(-1)^n\dfrac{(2x)^{2n}}{(2n)!}$,

$\dfrac{1}{2}\cos 2x=\sum\limits_{n=0}^{\infty}(-1)^n 2^{2n-1}\dfrac{x^{2n}}{(2n)!}$,

$\cos^2 x=\dfrac{1}{2}+\sum\limits_{n=0}^{\infty}(-1)^n 2^{2n-1}\dfrac{x^{2n}}{(2n)!}=1+\sum\limits_{n=1}^{\infty}(-1)^n 2^{2n-1}\dfrac{x^{2n}}{(2n)!}$, $-\infty<x<+\infty$.

3. **解** $(\arctan x)'=\dfrac{1}{1+x^2}$, $\dfrac{1}{1+x}=\sum\limits_{n=0}^{\infty}(-x)^n$, $x\in(-1,1)$,

$\dfrac{1}{1+x^2}=\sum\limits_{n=0}^{\infty}(-1)^n x^{2n}$, $x\in(-1,1)$,

$\arctan x=\int_0^x\dfrac{1}{1+x^2}dx=\sum\limits_{n=0}^{\infty}(-1)^n\dfrac{x^{2n+1}}{2n+1}$,

故收敛半径为 1.

当 $x=-1$ 时，$\sum\limits_{n=0}^{\infty}(-1)^n\dfrac{-1}{2n+1}$ 收敛；当 $x=1$ 时，$\sum\limits_{n=0}^{\infty}(-1)^n\dfrac{1}{2n+1}$ 收敛. 所以收敛区间为 $[-1,1]$.

4. **解** $(x\arctan x-\ln\sqrt{1+x^2})'=\arctan x=\sum\limits_{n=0}^{\infty}(-1)^n\dfrac{x^{2n+1}}{2n+1}$,

$x\arctan x-\ln\sqrt{1+x^2}=\sum\limits_{n=0}^{\infty}\int_0^x(-1)^n\dfrac{x^{2n+1}}{2n+1}dx=\sum\limits_{n=0}^{\infty}(-1)^n\dfrac{x^{2n+2}}{(2n+1)(2n+2)}$,

收敛半径不变，$R=1$,

当 $x=1$ 时，$\sum\limits_{n=0}^{\infty}(-1)^n\dfrac{1}{(2n+1)(2n+2)}$ 收敛；当 $x=-1$ 时，$\sum\limits_{n=0}^{\infty}(-1)^n\dfrac{1}{(2n+1)(2n+2)}$ 收敛. 所以收敛区间为 $[-1,1]$.

习题 12-5

一、1. C.

解 狄利克雷充分条件.

2. D.

解 $b_n = \int_{-\pi}^{\pi} f(x) \sin nx \, dx$, $n = 1, 2, \cdots$, 当 $f(x)$ 为偶函数时, $b_n = 0$.

3. C.

解 据狄利克雷充分条件, 当 x 是 $f(x)$ 间断点时, 级数收敛于 $\frac{1}{2}[f(x-) + f(x+)] = \frac{1}{2}(-1+1) = 0$.

二、1. **解** $a_0 = \frac{1}{\pi} \int_{-\pi}^{\pi} x^2 \, dx = \frac{2\pi^2}{3}$,

$a_n = \frac{1}{\pi} \int_{-\pi}^{\pi} x^2 \cos nx \, dx = \frac{2}{\pi} \int_0^{\pi} x^2 \cos nx \, dx = (-1)^n \frac{4}{n^2}$, $b_n = \frac{1}{\pi} \int_{-\pi}^{\pi} x^2 \sin nx \, dx = 0$,

所以 $f(x) = \frac{\pi^2}{3} + \sum_{n=1}^{\infty} (-1)^n \frac{4}{n^2} \cos nx$, $x \in (-\infty, +\infty)$.

2. **解** $a_0 = \frac{1}{\pi} \left[\int_{-\pi}^{0} x \, dx + \int_0^{\pi} 2x \, dx \right] = \frac{\pi}{2}$,

$a_n = \frac{1}{\pi} \left[\int_{-\pi}^{0} x \cos nx \, dx + \int_0^{\pi} 2x \cos nx \, dx \right]$,

因为 $\int_{-\pi}^{0} x \cos nx \, dx \xrightarrow{x = -t} \int_0^{\pi} -t \cos nt \, dt = \int_0^{\pi} -x \cos nx \, dx$,

所以 $a_n = \frac{1}{\pi} \int_0^{\pi} x \cos nx \, dx = \frac{1}{n\pi} \left(x \sin nx \Big|_0^{\pi} - \int_0^{\pi} \sin nx \, dx \right)$

$= \frac{1}{n^2 \pi} (\cos \pi - 1) = \frac{-1}{n^2 \pi} [1 - (-1)^n]$, $n = 1, 2, \cdots$,

$b_n = \frac{1}{\pi} \left(\int_{-\pi}^{0} x \sin nx \, dx + \int_0^{\pi} 2x \sin nx \, dx \right) = \frac{1}{\pi} \int_0^{\pi} 3x \sin nx \, dx$

$= \frac{3}{n\pi} \left(-x \cos nx \Big|_0^{\pi} + \int_0^{\pi} \cos nx \, dx \right) = \frac{(-1)^{n-1} 3}{n}$, $n = 1, 2, \cdots$,

$f(x)$ 满足收敛定理条件, 而在 $x = (2k+1)\pi (k \in \mathbf{Z})$ 处不连续, 故

$f(x) = \frac{\pi}{4} + \sum_{n=1}^{\infty} \left\{ \frac{-[1-(-1)^n]}{n^2 \pi} \cos nx + \frac{(-1)^{n-1} 3}{n} \sin nx \right\}$, $x \neq (2k+1)\pi$, $k \in \mathbf{Z}$.

习题 12-6

一、1. D.

解 $f(x)$ 的周期为 $T = 2\pi$, 所以 $f\left(-\frac{5}{2}\pi\right) = f\left(-\frac{5}{2}\pi + 2\pi\right) = f\left(-\frac{\pi}{2}\right)$. 因为 $f(-x) = -f(x)$, 所以 $f\left(-\frac{\pi}{2}\right) = -f\left(\frac{\pi}{2}\right) = -\frac{\pi^2}{4} - 1$.

2. D.

解 $b_n = \int_{-\pi}^{\pi} F(x) \sin nx \, dx = 0$ 时, $F(x)$ 为偶函数, 只能拓广函数 $f(x)$ 的定义域, 使其成为偶函数, 这一过程为偶延拓.

二、**解** 对 $f(x)$ 进行偶延拓, 得

$$a_0 = \frac{2}{\pi}\int_0^\pi (x+2)\mathrm{d}x = \pi + 4,$$

$$a_n = \frac{2}{\pi}\int_0^\pi (x+2)\cos nx\,\mathrm{d}x = \frac{2}{\pi}\cdot\frac{1}{n}\int_0^\pi (x+2)\mathrm{d}\sin nx$$

$$= \frac{2}{\pi}\cdot\frac{1}{n}\left[(x+2)\sin nx - \int_0^\pi \sin nx\,\mathrm{d}x\right]$$

$$= \frac{2}{\pi}\cdot\frac{1}{n}\left[(x+2)\sin nx + \frac{1}{n}\cos nx\right]_0^\pi = \frac{2}{n\pi}\left[\frac{(-1)^n}{n}-1\right], n=1,2,\cdots,$$

所以 $x+2 = \frac{\pi+4}{2} - \frac{2}{\pi}\sum_{n=1}^\infty \frac{1-(-1)^n}{n^2}\cos nx, 0\leqslant x\leqslant \pi.$

三、解 $x=6k\pi, k\in \mathbf{Z},$ 为间断点.

$$a_0 = \frac{1}{6}\int_0^6 2\mathrm{d}x = 2,$$

$$a_n = \frac{1}{6}\int_0^6 2\cos\frac{n\pi}{6}x\,\mathrm{d}x = \frac{1}{3}\frac{6}{n\pi}\sin\frac{n\pi}{6}x\Big|_0^6 = \frac{2}{n\pi}(0-0) = 0, n=1,2,\cdots,$$

$$b_n = \frac{1}{6}\int_0^6 2\sin\frac{n\pi}{6}x\,\mathrm{d}x = \frac{1}{3}\frac{6}{n\pi}\left[-\cos\frac{n\pi}{6}x\right]_0^6 = -\frac{2}{n\pi}[\cos n\pi - 1] = \frac{[1-(-1)^n]2}{n\pi},$$

$$f(x) = 1 + \sum_{n=1}^\infty [1-(-1)^n]\frac{2}{n\pi}\sin\frac{n\pi}{6}x$$

$$= 1 + \frac{2}{\pi}\sum_{n=1}^\infty [1-(-1)^n]\frac{1}{n}\sin\frac{n\pi}{6}x, x\neq 6k\pi, k\in \mathbf{Z}.$$

总习题 12

一、1. 解 $u_n>0,$ 则

$$\lim_{n\to\infty}\frac{\frac{1}{n_2+n+\sin n}}{\frac{1}{n^2}} = \lim_{n\to\infty}\frac{n^2}{n^2+n+\sin n} = \lim_{n\to\infty}\frac{1}{1+\frac{1}{n}+\frac{\sin n}{n}\cdot\frac{1}{n}} = 1,$$

因为 $\sum_{n=1}^\infty \frac{1}{n^2}$ 收敛,所以据比较审敛法的极限形式,原级数收敛.

2. 解 $u_n>0,$ 则 $\lim_{n\to\infty}\dfrac{\ln\left(1+\frac{1}{n}\right)}{\frac{1}{n}}=1,$ 因为 $\sum_{n=1}^\infty \frac{1}{n}$ 发散,所以据比较审敛法极限形式,

原级数发散.

3. 解 $u_n>0,$ 则

$$\lim_{n\to\infty}\frac{u_{n+1}}{u_n} = \lim_{n\to\infty}\frac{(n+2)\arcsin\frac{1}{3^{n+1}}}{(n+1)\arcsin\frac{1}{3^n}} = \lim_{n\to\infty}\frac{n+2}{n+1}\cdot\frac{\frac{1}{3^{n+1}}}{\frac{1}{3^n}} = \frac{1}{3}<1,$$

所以根据比值审敛法, $\rho<1,$ 原级数收敛.

4. 解 $u_n>0,$ 则

$$\lim_{n\to\infty}\frac{u_{n+1}}{u_n}=\lim_{n\to\infty}\frac{a^{n+1}(n+1)!}{(n+1)^{n+1}a^n(n!)}\cdot\frac{n^n}{1}=\lim_{n\to\infty}\frac{a\cdot n^n}{(n+1)^n}=\lim_{n\to\infty}\frac{a}{\left(1+\frac{1}{n}\right)^n}=\frac{a}{e},$$

当 $a<e$ 时,$\rho<1$,原级数收敛;当 $a>e$ 时,$\rho>1$,原级数发散.

5. 解 $\lim_{n\to\infty}u_n=\lim_{n\to\infty}\cos\frac{\pi}{n}=1\ne0$,所以据级数收敛必要条件,原级数发散.

二、1. 解 (1) $u_n=\frac{(-1)^n}{(n+1)^{\frac{1}{2}}}$,$\sum_{n=1}^{\infty}|u_n|=\sum_{n=1}^{\infty}\frac{1}{(n+1)^{\frac{1}{2}}}$ 是发散的.

(2) $\sum_{n=1}^{\infty}u_n$ 是交错级数,满足 $|u_n|\geqslant|u_{n+1}|$ 且 $\lim_{n\to\infty}u_n=0$,故由莱布尼茨定理知级数收敛且条件收敛.

2. 解 $|u_n|=\left|\frac{\sin\frac{2n\pi}{3}}{\sqrt{n^3}}\right|\leqslant\frac{1}{n^{\frac{3}{2}}}=v_n$(而级数 $\sum_{n=1}^{\infty}\frac{1}{n^{\frac{3}{2}}}$ 是收敛,$p>1$ 的 p-级数),所以据比较审敛法知 $\sum_{n=1}^{\infty}|u_n|$ 收敛,所以原级数绝对收敛.

3. 解 $\lim_{n\to\infty}|u_n|=\lim_{n\to\infty}\frac{\sqrt{n+2}}{\sqrt{n+1}+1}=1\ne0$,所以据级数收敛的必要条件知原级数发散.

三、1. 解 令 $x+2=t$,原级数化为 $\sum_{n=1}^{\infty}\frac{1}{3^n n}t^n$,$\lim_{n\to\infty}\left|\frac{a_{n+1}}{a_n}\right|=\lim_{n\to\infty}\left|\frac{3^n\cdot n}{3^{n+1}(n+1)}\right|=\frac{1}{3}$,所以 $R=3$.

当 $t=3$ 时,$\sum_{n=1}^{\infty}\frac{1}{3^n n}3^n=\sum_{n=1}^{\infty}\frac{1}{n}$ 发散;当 $t=-3$ 时,$\sum_{n=1}^{\infty}\frac{1}{3^n n}(-3)^n=\sum_{n=1}^{\infty}(-1)^n\frac{1}{n}$ 收敛. 所以 $t\in[-3,3)$ 时级数收敛,故 $-3\leqslant x+2<3$,因此原级数收敛域为 $[-5,1)$.

2. 解 缺少 $3n+1,3n+2$ 项,把原级数视为数项级数的一般项 u_n.

$$\lim_{n\to\infty}\left|\frac{u_{n+1}}{u_n}\right|=\lim_{n\to\infty}\left|\frac{x^{3n+3}}{2n+3}\cdot\frac{2n+1}{x^{3n}}\right|=|x^3|,$$

当 $|x|<1$ 时级数绝对收敛;当 $|x|>1$ 时,一般项 u_n 极限不为 0,原级数发散.故原级数收敛半径为 1.

当 $x=1$ 时,$\sum_{n=1}^{\infty}\frac{(-1)^n}{2n+1}$ 是收敛的交错级数;当 $x=-1$ 时,$\sum_{n=1}^{\infty}\frac{1}{2n+1}$ 是发散的级数.所以原级数收敛域为 $(-1,1]$.

3. 解 $\lim_{n\to\infty}\left|\frac{a_{n+1}}{a_n}\right|=\lim_{n\to\infty}\left|\frac{n^2}{(n+1)^2}\right|=1$,故收敛半径 $R=1$,当 $x=1$ 时,$\sum_{n=1}^{\infty}\frac{(-1)^n}{n^2}$ 收敛;当 $x=-1$ 时,$\sum_{n=1}^{\infty}\frac{-1}{n^2}$ 收敛,所以原级数收敛域为 $[-1,1]$.

四、解 (1) $\lim_{n\to\infty}\left|\frac{a_{n+1}}{a_n}\right|=\lim_{n\to\infty}\left|\frac{(n+1)^2}{n^2}\right|=1$,所以收敛半径为 1.

当 $x=1$ 时，$\sum_{n=1}^{\infty} n^2$ 发散；当 $x=-1$ 时，$\sum_{n=1}^{\infty} n^2(-1)^{n-1}$ 发散，所以原级数收敛域为 $(-1,1)$.

(2) $s(x)=\sum_{n=1}^{\infty} n^2 x^{n-1}$，当 $x\neq 0$ 时，对两端从 0 到 x 积分，得

$$\int_0^x s(x)\mathrm{d}x=\sum_{n=1}^{\infty}\int_0^x n^2 x^{n-1}\mathrm{d}x=\sum_{n=1}^{\infty} nx^n=x\sum_{n=1}^{\infty} nx^{n-1},$$

所以 $\dfrac{\int_0^x s(x)\mathrm{d}x}{x}=\sum_{n=1}^{\infty} nx^{n-1}$，继续从 0 到 x 积分，得 $\int_0^x \dfrac{\int_0^x s(x)\mathrm{d}x}{x}\mathrm{d}x=\sum_{n=1}^{\infty} x^n=\dfrac{x}{1-x}$，左右两端逐项求导，得

$$\dfrac{\int_0^x s(x)\mathrm{d}x}{x}=(1-x)^{-2},\text{即} \int_0^x s(x)\mathrm{d}x=\dfrac{x}{(1-x)^2},$$

上式左右两端再次逐项求导，得 $s(x)=\left[\dfrac{x}{(1-x)^2}\right]'=\dfrac{1+x}{(1-x)^3}$，当 $x=0$ 时，$s(0)=0$，所以 $s(x)=\dfrac{1+x}{(1-x)^3}, x\in(-1,1)$.

五、1. 解 $f(x)=\dfrac{1}{(x-3)(x-1)}=-\dfrac{1}{2}\left(\dfrac{1}{x-1}-\dfrac{1}{x-3}\right)$

$$=-\dfrac{1}{2}\left(\dfrac{1}{5+x-6}-\dfrac{1}{3+x-6}\right)$$

$$=-\dfrac{1}{2}\left(\dfrac{1}{5}\cdot\dfrac{1}{1+\dfrac{x-6}{5}}-\dfrac{1}{3}\cdot\dfrac{1}{1+\dfrac{x-6}{3}}\right)$$

$$=\dfrac{1}{6}\dfrac{1}{1+\dfrac{x-6}{3}}-\dfrac{1}{10}\dfrac{1}{1+\dfrac{x-6}{5}}$$

$$=\dfrac{1}{6}\sum_{n=0}^{\infty}(-1)^n\left(\dfrac{x-6}{3}\right)^n-\dfrac{1}{10}\sum_{n=0}^{\infty}(-1)^n\left(\dfrac{x-6}{5}\right)^n$$

$$=\sum_{n=0}^{\infty}\dfrac{(-1)^n}{2}\left(\dfrac{1}{3^{n+1}}-\dfrac{1}{5^{n+1}}\right)(x-6)^n.$$

2. 解 $f'(x)=\ln(1+x)=\sum_{n=0}^{\infty}(-1)^n\dfrac{x^{n+1}}{n+1}, R=1$，

左右两端从 0 到 x 积分，得 $f(x)-f(0)=\sum_{n=0}^{\infty}(-1)^n\dfrac{x^{n+2}}{(n+1)(n+2)}$.

由于 $f(0)=-1$，故 $f(x)=-1+\sum_{n=0}^{\infty}(-1)^n\dfrac{x^{n+2}}{(n+1)(n+2)}$. 当 $x=1$ 时，$\sum_{n=0}^{\infty}(-1)^n\cdot\dfrac{1}{(n+1)(n+2)}$ 收敛；当 $x=-1$ 时，$\sum_{n=0}^{\infty}\dfrac{1}{(n+1)(n+2)}$ 收敛. 所以收敛区间为 $[-1,1]$.

六、解 令 $\phi(x) = \begin{cases} 2x+1, & x \in [0,\pi], \\ -(2x+1), & x \in (-\pi,0) \end{cases}$ 是 $f(x)$ 的奇延拓.

因为 $\Phi(x)$ 是 $\phi(x)$ 的周期延拓函数,则 $\Phi(x)$ 满足收敛定理的条件,而在 $x=k\pi$ 处间断,在 $[0,\pi]$ 上 $\Phi(x)=f(x)$,故它的傅里叶级数在 $[0,\pi]$ 内收敛于 $f(x)$.

$$a_n = 0, n = 0, 1, 2, \cdots,$$

$$b_n = \frac{2}{\pi} \int_0^\pi (2x+1) \sin nx \, dx = \frac{2}{\pi} \left[-\frac{2x\cos nx}{n} + \frac{2\sin nx}{n^2} - \frac{\cos nx}{n} \right]_0^\pi$$

$$= \frac{2}{n\pi}[1-(2\pi+1)(-1)^n],$$

$$2x+1 = \frac{2}{\pi} \sum_{n=1}^\infty \frac{1}{n}[1-(-1)^n(2\pi+1)]\sin nx, \quad 0 < x < \pi.$$

七、解 $\sum_{n=1}^\infty n(a_n - a_{n-1})$ 收敛 $\Leftrightarrow \lim_{n\to\infty} s_n = A$,

$$s_n = a_1 - a_0 + 2(a_2 - a_1) + 3(a_3 - a_2) + \cdots + n(a_n - a_{n-1})$$

$$= -(a_0 + a_1 + \cdots + a_{n-1}) + na_n,$$

$$a_0 + a_1 + \cdots + a_{n-1} = -(s_n - na_n) = na_n - s_n.$$

又因为 $\lim_{n\to\infty} na_n = 0$,所以

$$\lim_{n\to\infty}(a_0 + a_1 + \cdots + a_{n-1}) = -\lim_{n\to\infty} s_n = -A,$$

因此 $\sum_{n=1}^\infty a_n$ 收敛.

八、解 $\sum_{n=1}^\infty \frac{1}{n} x^n$ 的收敛域为 $[-1,1)$, $s(x) = \sum_{n=1}^\infty \frac{1}{n} x^n$,左右两端同时求导,得

$$s'(x) = \sum_{n=1}^\infty x^{n-1} = \frac{1}{1-x},$$

两端从 0 到 x 积分,得

$$s(x) - s(0) = \int_0^x \frac{1}{1-x} dx = -\ln(1-x),$$

$$s(0) = 0, s(x) = -\ln(1-x).$$

在 $(-1,1)$ 内 $\sum_{n=1}^\infty \frac{1}{n} x^n = -\ln(1-x)$,当 $x = \frac{1}{2}$ 时,$\sum_{n=1}^\infty \frac{1}{n 2^n} = \ln 2.$

模拟测试

模拟测试一

一、单项选择题（本题共 5 小题，每小题 3 分，共 15 分）

1. 设可微函数 $f(x,y)$ 在点 (x_0,y_0) 取得极小值，则下列结论正确的是（　　）．
   A. 一元函数 $f(x,y_0)$ 在 $x=x_0$ 处的导数等于零
   B. 一元函数 $f(x,y_0)$ 在 $x=x_0$ 处的导数大于零
   C. 一元函数 $f(x,y_0)$ 在 $x=x_0$ 处的导数小于零
   D. 一元函数 $f(x,y_0)$ 在 $x=x_0$ 处的导数不存在

2. 二元函数 $z=\ln(y^2-2x+1)$ 的定义域是（　　）．
   A. $\{(x,y)\mid y^2-2x+1>0\}$　　　　B. $\{(x,y)\mid y^2-2x+1<0\}$
   C. $\{(x,y)\mid y^2-2x+1\geq 0\}$　　　　D. $\{(x,y)\mid y^2-2x+1\leq 0\}$

3. $\lim\limits_{\substack{x\to 0\\y\to 0}}\dfrac{xy}{\sqrt{2-e^{xy}}-1}=$（　　）．
   A. 0　　　　B. -2　　　　C. 2　　　　D. 1

4. 设 $\boldsymbol{a}$ 与 $\boldsymbol{b}$ 是非零向量，且 $\boldsymbol{a}\times\boldsymbol{b}=\boldsymbol{0}$，则（　　）．
   A. $\boldsymbol{a}\perp\boldsymbol{b}$　　　　B. $\boldsymbol{a}=\boldsymbol{b}$　　　　C. $\boldsymbol{a}+\boldsymbol{b}=\boldsymbol{0}$　　　　D. $\boldsymbol{a}//\boldsymbol{b}$

5. 已知级数 $\sum\limits_{n=1}^{\infty}a_n x^n$ 在 $x=-3$ 处收敛，则级数 $\sum\limits_{n=1}^{\infty}a_n$（　　）．
   A. 绝对收敛　　　　B. 条件收敛　　　　C. 发散　　　　D. 敛散性不定

二、填空题（本题共 5 小题，每小题 3 分，共 15 分）

1. 曲面 $x^2+2y^2+3z^2=6$ 在点 $(1,1,1)$ 处的切平面方程为_____，法线方程为_____．

2. yOz 坐标面上的双曲线 $4y^2-9z^2=12$ 绕 y 轴旋转一周生成的旋转曲面方程为_____．

3. 设平面曲线 L 为下半圆周 $y=-\sqrt{4-x^2}$，则曲线积分 $\int_L \ln\sqrt{x^2+y^2}\,\mathrm{d}s=$_____．

4. 若 $\dfrac{(x+ay)\mathrm{d}x+y\mathrm{d}y}{x^2+y^2}$ 是某一个二元函数的全微分，则常数 $a=$_____．

5. 级数 $\sum\limits_{n=1}^{\infty}\dfrac{1}{n^2}$ 收敛且其和为 S，则 $\sum\limits_{n=3}^{\infty}\dfrac{1}{n^2}=$_____．

三、计算题(本题共 9 小题,每小题 7 分,共 63 分)

1. 设 $z=\sin(x^2y)\mathrm{e}^{x+2y}$,求 $\dfrac{\partial z}{\partial x},\dfrac{\partial z}{\partial y}$.

2. 设 $z=f(x^2-y^2,\mathrm{e}^{xy})$,$f$ 具有一阶连续偏导数,求 $\mathrm{d}z$.

3. 设 $z=z(x,y)$ 由 $z+\mathrm{e}^z=xy$ 确定,求 $\dfrac{\partial z}{\partial x},\dfrac{\partial z}{\partial y}$.

4. 计算二重积分 $I=\iint\limits_{D}(x^2+xy\mathrm{e}^{x^2+y^2})\mathrm{d}x\mathrm{d}y$,其中 D 为圆域 $x^2+y^2\leqslant 1$.

5. 计算 $I=\iiint\limits_{\Omega}z\mathrm{d}z$,其中 Ω 由 $z=\sqrt{x^2+y^2}$,$z=1$ 和 $z=2$ 所围成.

6. 设椭圆 $L:\dfrac{x^2}{4}+\dfrac{y^2}{3}=1$ 的周长为 a,求 $I=\oint_{L}(x+2y+3x^2+4y^2)\mathrm{d}s$.

7. 计算 $I = \int_L (x^3y - 5y)\mathrm{d}x + \left(\frac{1}{4}x^4 - x\right)\mathrm{d}y$，其中 L 为曲线 $y = \sqrt{4-x^2}$ 由点 $A(2,0)$ 至点 $B(-2,0)$ 的一段弧.

8. 判断正项级数 $\sum\limits_{n=1}^{\infty} 2n\tan\dfrac{\pi}{5^{n+1}}$ 的敛散性.

9. 求级数 $\sum\limits_{n=1}^{\infty} \dfrac{n}{n^2+1} x^n$ 的收敛半径与收敛域.

四、应用题(本题 7 分)

设 a,b 为实数，函数 $z = 2 + ax^2 + by^2$ 在点 $(3,4)$ 处的方向导数中，沿方向 $\boldsymbol{l} = (-3,-4)$ 的方向导数最大，最大值为 10，求：

(1) a,b；　(2) 曲面 $z = 2 + ax^2 + by^2 (z \geqslant 0)$ 的面积.

模拟测试二

一、单项选择题(本题共 5 小题,每小题 3 分,共 15 分)

1. 在曲线 $x=t, y=-t^2, z=t^3$ 的所有切线中,与平面 $x+2y+z=4$ 平行的切线( ).
   A. 只有 1 条
   B. 只有 2 条
   C. 至少有 3 条
   D. 不存在

2. 二元函数 $z=\sqrt{\ln\dfrac{4}{x^2+y^2}}+\arcsin\dfrac{1}{x^2+y^2}$ 的定义域是( ).
   A. $\{(x,y)\mid 1\leqslant x^2+y^2\leqslant 4\}$
   B. $\{(x,y)\mid 1< x^2+y^2\leqslant 4\}$
   C. $\{(x,y)\mid 1\leqslant x^2+y^2< 4\}$
   D. $\{(x,y)\mid 1< x^2+y^2< 4\}$

3. 设函数 $Q(x,y)=\dfrac{x}{y^2}$,如果对上半平面($y>0$)内的任意有向光滑封闭曲线 L 都有 $\oint_L P(x,y)\mathrm{d}x+Q(x,y)\mathrm{d}y=0$,那么 $P(x,y)$ 可取为( ).
   A. $\dfrac{1}{x}-\dfrac{1}{y}$
   B. $x-\dfrac{1}{y}$
   C. $y-\dfrac{x^2}{y^3}$
   D. $\dfrac{1}{y}-\dfrac{x^2}{y^3}$

4. 函数 $z=f(x,y)$ 在点 (x,y) 可微是函数 $z=f(x,y)$ 在点 (x,y) 各偏导数连续的( ).
   A. 充分条件
   B. 必要条件
   C. 充要条件
   D. 既非充分也非必要条件

5. 以下命题中正确的是( ).
   A. 若 $\sum\limits_{n=1}^{\infty}(u_{2n-1}+u_{2n})$ 收敛,则 $\sum\limits_{n=1}^{\infty}u_n$ 收敛
   B. 若 $\sum\limits_{n=1}^{\infty}u_n$ 收敛,则 $\sum\limits_{n=1}^{\infty}u_n^2$ 收敛
   C. 若 $\lim\limits_{n\to\infty}\dfrac{u_{n+1}}{u_n}>1$,则 $\sum\limits_{n=1}^{\infty}u_n$ 发散
   D. 若 $u_n\leqslant v_n(n=1,2,\cdots)$,且 $\sum\limits_{n=1}^{\infty}v_n$ 收敛,则 $\sum\limits_{n=1}^{\infty}u_n$ 收敛

二、填空题(本题共 5 小题,每小题 3 分,共 15 分)

1. 要使 $f(x,y)=\dfrac{2-\sqrt{xy+4}}{xy}$ 在点 $(0,0)$ 连续,则定义 $f(0,0)=$ _____.

2. 积分换序:$\int_2^4 \mathrm{d}x\int_{4-x}^{\sqrt{4x-x^2}}f(x,y)\mathrm{d}y=$ _____.

3. 设区域 D 为 $|x|\leqslant 2, |y|\leqslant 1$,则 $\iint\limits_D (2+x^2\sin y)\mathrm{d}x\mathrm{d}y=$ _____.

4. 已知 $\alpha>0$,$\sum\limits_{n=1}^{\infty}(-1)^n\sqrt{n}\sin\dfrac{1}{n^\alpha}$ 绝对收敛,$\sum\limits_{n=1}^{\infty}\dfrac{(-1)^n}{n^{2-\alpha}}$ 条件收敛,则 α 的范围为 _____.

5. 幂级数 $\sum_{n=1}^{\infty}(-1)^{n-1}nx^{n-1}$ 在 $(-1,1)$ 内的和函数 $S(x)=$ _____.

三、计算题(本题共 9 小题,每小题 7 分,共 63 分)

1. 设 $z=\arctan\dfrac{x+y}{1-xy}$,求 $\dfrac{\partial z}{\partial x},\dfrac{\partial z}{\partial y},\dfrac{\partial^{2}z}{\partial x^{2}},\dfrac{\partial^{2}z}{\partial x\partial y}$.

2. 设 $z=f\left(xy,\dfrac{y}{x}\right)+g\left(\dfrac{y}{x}\right)$,求 $\dfrac{\partial z}{\partial x},\dfrac{\partial z}{\partial y}$.

3. 设 $z=z(x,y)$ 由方程 $F\left(1+\dfrac{x}{y},y+\dfrac{z}{x}\right)=0$ 所确定,证明:$x\dfrac{\partial z}{\partial x}+y\dfrac{\partial z}{\partial y}=z-xy$.

4. 计算 $\iint\limits_{D}(3x^{2}+y)dxdy$,其中 D 是由两条抛物线 $y=x^{2},y=4x^{2}$ 和直线 $y=1$ 所围成的闭区域.

5. 计算 $I = \iiint\limits_{\Omega} |z - x^2 - y^2| \, dv$，其中 Ω 由 $x^2 + y^2 = 1, z = 0$ 和 $z = 1$ 所围成.

6. 计算 $\oint_{\Gamma} x^2 \, ds$，其中 Γ 为球面 $x^2 + y^2 + z^2 = a^2$ 被平面 $x + y + z = 0$ 所截的圆周.

7. 计算 $I = \int_L (2e^{2x} \sin y + 3y) dx + (e^{2x} \cos y + x) dy$，其中 L 为曲线 $y = -\sqrt{1-x^2}$ 由点 $A(1, 0)$ 至点 $B(-1, 0)$ 的一段弧.

8. 判断正项级数 $\sum\limits_{n=1}^{\infty} \dfrac{1}{\sqrt[3]{n+1}} \ln \dfrac{n+2}{n}$ 的敛散性.

9. 求级数 $\sum_{n=1}^{\infty} \dfrac{3^n}{n}(x+1)^n$ 的收敛域.

四、应用题(本题 7 分)

在椭球面 $2x^2+2y^2+z^2=1$ 上求一点,使函数 $f(x,y,z)=x^2+y^2+z^2$ 在该点沿 $l=(1,-1,0)$ 方向的方向导数最大.

模拟测试三

一、单项选择题（本题共 5 小题，每小题 3 分，共 15 分）

1. 函数 $f(x,y,z)=xy+z$ 在点 $(1,2,0)$ 处沿向量 $\boldsymbol{l}=(1,2,2)$ 的方向导数为（　　）．
   A. 12　　　　　B. 6　　　　　C. 4　　　　　D. 2

2. 设 $f\left(xy,\dfrac{x}{y}\right)=(x+y)^2$，则 $f(x,y)=$（　　）．
   A. $x^2\left(y+\dfrac{1}{y}\right)^2$　　B. $\dfrac{x}{y}(1+y)^2$　　C. $y^2\left(x+\dfrac{1}{x}\right)^2$　　D. $\dfrac{y}{x}(1+y)^2$

3. 若曲线积分 $\displaystyle\int_L \dfrac{x\,\mathrm{d}x-ay\,\mathrm{d}y}{x^2+y^2-1}$ 在区域 $D=\{(x,y)\mid x^2+y^2<1\}$ 内与路径无关，则 $a=$（　　）．
   A. 1　　　　　B. -1　　　　　C. 2　　　　　D. -2

4. 函数 $f(x,y)=x^3-3xy+y^3$ 有两个驻点 $(1,1),(0,0)$，在驻点 $(0,0)$ 处（　　）．
   A. 有极小值 $f(0,0)=0$　　　　　　B. 有极大值 $f(0,0)=0$
   C. 不取极值　　　　　　　　　　　D. 不能判断是否能取得极值

5. 下列级数绝对收敛的是（　　）．
   A. $\displaystyle\sum_{n=1}^{\infty}\dfrac{(-1)^{n-1}}{\sqrt{n}}$　　B. $\displaystyle\sum_{n=1}^{\infty}\dfrac{(-1)^{n-1}}{n^4}$　　C. $\displaystyle\sum_{n=1}^{\infty}(-1)^n$　　D. $\displaystyle\sum_{n=1}^{\infty}\cos\dfrac{1}{n}$

二、填空题（本题共 5 小题，每小题 3 分，共 15 分）

1. 曲面 $z=\dfrac{1}{2}x^2+y^2-1$ 平行于平面 $2x+2y-z=0$ 的切平面为_____．

2. 计算二次积分：$\displaystyle\int_0^1\mathrm{d}y\int_y^1\left(\dfrac{\mathrm{e}^{x^2}}{x}-\mathrm{e}^{y^2}\right)\mathrm{d}x=$_____．

3. 设函数 $u=x^2+y^2+z^2$，则在点 $P(1,2,2)$ 处，函数的梯度 $\mathrm{grad}\,u\big|_P=$_____，函数减少最快的方向 $\boldsymbol{l}=$_____．

4. 若级数 $\displaystyle\sum_{n=1}^{\infty}\dfrac{\sqrt{n}}{n^{p-1}}$ 收敛，则 p 应满足的范围是_____．

5. 将函数 $f(x)=\ln(3+x)$ 在点 $x=0$ 处展开成 x 的幂级数为_____，收敛域为_____．

三、计算题（本题共 9 小题，每小题 7 分，共 63 分）

1. 设 $u=\ln\sqrt{x^2+y^2+z^2}$，求 $\dfrac{\partial^2 u}{\partial x^2}+\dfrac{\partial^2 u}{\partial y^2}+\dfrac{\partial^2 u}{\partial z^2}$．

2. 设函数 $f(u,v)$ 具有二阶连续偏导数，$y=f(e^x,\cos x)$，求 $\dfrac{dy}{dx}\bigg|_{x=0}$，$\dfrac{d^2y}{dx^2}\bigg|_{x=0}$.

3. 设函数 $f(u,v)$ 可微，由方程 $(x+1)z-y^2=x^2f(x-z,y)$ 确定，求 $dz|_{(0,1)}$.

4. 计算二重积分 $\iint\limits_{D}\sqrt{|y-x^2|}\,dx\,dy$，其中 D 是由直线 $x=1$，$x=-1$，$y=2$ 和 x 轴所围成的闭区域.

5. 计算 $I=\iiint\limits_{\Omega}(x+y+z)^2\,dv$，其中 Ω 是由抛物面 $z=x^2+y^2$ 和球面 $z=\sqrt{2-x^2-y^2}$ 所围成的空间闭区域.

6. 计算 $I = \int_{\Gamma}(y+z)\mathrm{d}x + (z+x)\mathrm{d}y + (x+y)\mathrm{d}z$,其中 Γ 为由点 $A(3,1,2)$ 到点 $B(4,2,3)$ 的直线段.

7. 已知 L 是第一象限中从点 $O(0,0)$ 沿圆周 $y = \sqrt{2x-x^2}$ 到点 $A(2,0)$,再沿圆周 $y = \sqrt{4-x^2}$ 到点 $B(0,2)$ 的有向曲线,计算曲线积分 $I = \int_L 3x^2 y \mathrm{d}x + (x^3+x+2y)\mathrm{d}y$.

8. 判断级数 $\sum\limits_{n=2}^{\infty}(\sqrt{n+1}-\sqrt{n})\ln\dfrac{n-1}{n+1}$ 的敛散性.

9. 求下列级数 $\sum\limits_{n=1}^{\infty} \dfrac{n^2}{x^n}$ 的收敛域.

四、应用题(本题 7 分)

求旋转抛物面 $z=x^2+y^2$ 与平面 $x+y-2z=2$ 之间的最短距离.

模拟测试答案及参考解答

模拟测试一

一、1. A. 2. A. 3. B. 4. D. 5. A.

二、1. $(x-1)+2(y-1)+3(z-1)=0, \dfrac{x-1}{1}=\dfrac{y-1}{2}=\dfrac{z-1}{3}$.

2. $-9x^2+4y^2-9z^2=12$. 3. $2\pi\ln 2$. 4. 0. 5. $S-\dfrac{5}{4}$.

三、1. **解** $\dfrac{\partial z}{\partial x}=2xy\cos(x^2 y)e^{x+2y}+\sin(x^2 y)e^{x+2y}, \dfrac{\partial z}{\partial y}=x^2\cos(x^2 y)e^{x+2y}+2\sin(x^2 y)e^{x+2y}$.

2. **解** $\dfrac{\partial z}{\partial x}=f_1'\cdot 2x+f_2'\cdot ye^{xy}, \dfrac{\partial z}{\partial y}=f_1'\cdot(-2y)+f_2'\cdot xe^{xy}$,

$dz=\dfrac{\partial z}{\partial x}dx+\dfrac{\partial z}{\partial y}dy=(f_1'\cdot 2x+f_2'\cdot ye^{xy})dx+(f_1'\cdot(-2y)+f_2'\cdot xe^{xy})dy$.

3. **解** 设 $F(x,y,z)=z+e^z-xy$,则 $F_x'=-y, F_y'=-x, F_z'=1+e^z$,所以
$\dfrac{\partial z}{\partial x}=-\dfrac{F_x'}{F_z'}=\dfrac{y}{1+e^z}, \dfrac{\partial z}{\partial y}=-\dfrac{F_y'}{F_z'}=\dfrac{x}{1+e^z}$.

4. **解** 利用对称性可得
$$I=\iint\limits_{D}x^2 dxdy+\iint\limits_{D}xye^{x^2+y^2}dxdy=\iint\limits_{D}x^2 dxdy+0$$
$$=\int_0^{2\pi}d\theta\int_0^1 r^2\cos^2\theta\cdot r\, dr=\dfrac{\pi}{4}.$$

5. **解** "先二后一法",Ω 在 z 轴上的投影区间是 $[1,2]$,过 $[1,2]$ 上任一点作垂直于 z 轴的平面,交 Ω 所得截面为 $D_z: x^2+y^2\leqslant z^2$,则
$$I=\int_1^2 dz\iint\limits_{D_z}z\, dxdy=\int_1^2 z\cdot\pi z^2 dz=\dfrac{15}{4}\pi.$$

注:若 $f(x,y,z)$ 仅是 z 的函数,或仅是特殊的 x,y 的函数,如: $x^2+y^2, \dfrac{1}{\sqrt{x^2+y^2}}$ 等,即 $\iint\limits_{D_z}f(x,y,z)dxdy$ 容易求得,这种情况下,"先二后一法"比"先一后二法"更为简便.

6. **解** 因为 L 关于 x 轴对称,且函数 $2y$ 是关于 y 的奇函数,所以 $\oint_L 2y\, ds=0$;

同理，L 关于 y 轴对称，且函数 x 是关于 x 的奇函数，所以 $\oint_L x\,\mathrm{d}s = 0$；从而 $I = \oint_L (3x^2 + 4y^2)\,\mathrm{d}s$. 又因为在 L 上，$3x^2 + 4y^2 \equiv 12$，所以

$$I = \oint_L (3x^2 + 4y^2)\,\mathrm{d}s = \oint_L 12\,\mathrm{d}s = 12a.$$

7. 解 $\dfrac{\partial Q}{\partial x} - \dfrac{\partial P}{\partial y} = (x^3 - 1) - (x^3 - 5) = 4$，补线段 BA：$y = 0$，x 由 -2 变化到 2.

原式 $= \left(\oint_{L \cup BA} - \int_{BA}\right)(x^3 y - 5y)\,\mathrm{d}x + \left(\dfrac{1}{4}x^4 - x\right)\mathrm{d}y = \iint_D 4\,\mathrm{d}x\,\mathrm{d}y - \int_{-2}^{2} 0\,\mathrm{d}x = 8\pi.$

8. 解 利用比值审敛法. 由 $\dfrac{u_{n+1}}{u_n} = \dfrac{2(n+1)\tan\dfrac{\pi}{5^{n+2}}}{2n\tan\dfrac{\pi}{5^{n+1}}} = \left(1 + \dfrac{1}{n}\right)\dfrac{\tan\dfrac{\pi}{5^{n+2}}}{\tan\dfrac{\pi}{5^{n+1}}}$，又

$\lim\limits_{n\to\infty}\left(1+\dfrac{1}{n}\right)\dfrac{\tan\dfrac{\pi}{5^{n+2}}}{\tan\dfrac{\pi}{5^{n+1}}} = \lim\limits_{n\to\infty}\dfrac{\dfrac{\pi}{5^{n+2}}}{\dfrac{\pi}{5^{n+1}}} = \dfrac{1}{5} < 1$，故原级数收敛.

9. 解 $\rho = \lim\limits_{n\to\infty}\left|\dfrac{a_{n+1}}{a_n}\right| = \lim\limits_{n\to\infty}\dfrac{\dfrac{n+1}{(n+1)^2+1}}{\dfrac{n}{n^2+1}} = \lim\limits_{n\to\infty}\dfrac{\left(1+\dfrac{1}{n}\right)\left(1+\dfrac{1}{n^2}\right)}{\left(1+\dfrac{1}{n}\right)^2+\dfrac{1}{n^2}} = 1$，因此 $R = \dfrac{1}{\rho} = 1.$

当 $x = -1$ 时，根据莱布尼茨判别法知，交错级数 $\sum\limits_{n=1}^{\infty}(-1)^n \dfrac{n}{n^2+1}$ 收敛；当 $x = 1$ 时，因为当 $n \to \infty$ 时，$\dfrac{n}{n^2+1} \sim \dfrac{1}{n}$，调和级数 $\sum\limits_{n=1}^{\infty}\dfrac{1}{n}$ 发散，故级数 $\sum\limits_{n=1}^{\infty}\dfrac{n}{n^2+1}$ 发散. 因此幂级数 $\sum\limits_{n=1}^{\infty}\dfrac{n}{n^2+1}x^n$ 的收敛域为 $[-1, 1)$.

四、解 （1）$z'_x = 2ax$，$z'_y = 2by$，$\mathrm{grad}\,z\big|_{(3,4)} = (2ax, 2by)\big|_{(3,4)} = (6a, 8b)$，因此 $\dfrac{6a}{-3} = \dfrac{8b}{-4}$，即 $a = b$. 又 $\|\mathrm{grad}\,z\| = \sqrt{(6a)^2 + (8b)^2} = 10$，所以 $a = b = -1$.

（2）$S = \iint\limits_{x^2+y^2\leqslant 2}\sqrt{1+\left(\dfrac{\partial z}{\partial x}\right)^2+\left(\dfrac{\partial z}{\partial y}\right)^2}\,\mathrm{d}x\,\mathrm{d}y = \iint\limits_{x^2+y^2\leqslant 2}\sqrt{1+(-2x)^2+(-2y)^2}\,\mathrm{d}x\,\mathrm{d}y$

$= \iint\limits_{x^2+y^2\leqslant 2}\sqrt{1+4x^2+4y^2}\,\mathrm{d}x\,\mathrm{d}y = \int_0^{2\pi}\mathrm{d}\theta\int_0^{\sqrt{2}}\sqrt{1+4\rho^2}\,\rho\,\mathrm{d}\rho = \dfrac{13}{3}\pi.$

模拟测试二

一、1. B.　　2. A.　　3. B.　　4. B.　　5. C.

二、1. $-\dfrac{1}{4}$.　　2. $\int_0^2 \mathrm{d}y \int_{4-y}^{2+\sqrt{4-y^2}} f(x,y)\,\mathrm{d}x$.　　3. 16.　　4. $0 < \alpha \leqslant \dfrac{1}{2}$.

5. $\dfrac{1}{(1+x)^2}$.

三、1. 解 $\dfrac{\partial z}{\partial x}=\dfrac{1}{1+\left(\dfrac{x+y}{1-xy}\right)^2}\cdot\dfrac{1\cdot(1-xy)-(x+y)(-y)}{(1-xy)^2}=\dfrac{1}{1+x^2}$,由对称性知

$\dfrac{\partial z}{\partial y}=\dfrac{1}{1+y^2}$,$\dfrac{\partial^2 z}{\partial x^2}=\dfrac{-2x}{(1+x^2)^2}$,$\dfrac{\partial^2 z}{\partial x\partial y}=0$.

2. 解 $\dfrac{\partial z}{\partial x}=f_1'\cdot y+f_2'\cdot\left(-\dfrac{y}{x^2}\right)+g'\cdot\left(-\dfrac{y}{x^2}\right)$,$\dfrac{\partial z}{\partial y}=f_1'\cdot x+f_2'\cdot\dfrac{1}{x}+g'\cdot\dfrac{1}{x}$.

3. 证明 设 $G(x,y,z)=F\left(1+\dfrac{x}{y},y+\dfrac{z}{x}\right)$,则 $G_x'=F_1'\cdot\left(\dfrac{1}{y}\right)+F_2'\cdot\left(-\dfrac{z}{x^2}\right)$,$G_y'=$

$F_1'\cdot\left(-\dfrac{x}{y^2}\right)+F_2'\cdot 1$,$G_z'=F_2'\cdot\dfrac{1}{x}$,所以 $\dfrac{\partial z}{\partial x}=-\dfrac{G_x'}{G_z'}=-\dfrac{F_1'\cdot\left(\dfrac{1}{y}\right)+F_2'\cdot\left(-\dfrac{z}{x^2}\right)}{F_2'\cdot\dfrac{1}{x}}$,$\dfrac{\partial z}{\partial y}=$

$-\dfrac{G_y'}{G_z'}=-\dfrac{F_1'\cdot\left(-\dfrac{x}{y^2}\right)+F_2'\cdot 1}{F_2'\cdot\dfrac{1}{x}}$,将上面两个偏导数代入

证明结果的左边,化简既得右边.

4. 解 积分区域如右图所示,D 关于 y 轴对称,

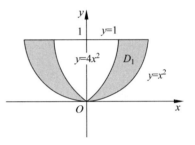

$3x^2+y$ 是关于 x 的偶函数,记 $D_1:0\leqslant y\leqslant 1,\dfrac{\sqrt{y}}{2}\leqslant x\leqslant\sqrt{y}$,

依对称性有

$$\iint_D(3x^2+y)\mathrm{d}x\mathrm{d}y=\iint_D y\mathrm{d}x\mathrm{d}y=2\iint_{D_1}y\mathrm{d}x\mathrm{d}y=2\int_0^1 y\mathrm{d}y\int_{\frac{\sqrt{y}}{2}}^{\sqrt{y}}\mathrm{d}x=\int_0^1 y^{\frac{3}{2}}\mathrm{d}y=\dfrac{2}{5}.$$

5. 解:关键是去掉绝对值符号,采用剖分区域 Ω 的方法. 用 $z=x^2+y^2$ 将积分区域 Ω

分成 $\Omega_1+\Omega_2$,如右图所示采用柱面坐标,则

$I=\iiint_{\Omega_1}|z-x^2-y^2|\mathrm{d}v+\iiint_{\Omega_2}|z-x^2-y^2|\mathrm{d}v$

$=\iiint_{\Omega_1}(z-x^2-y^2)\mathrm{d}v+\iiint_{\Omega_2}(x^2+y^2-z)\mathrm{d}v$

$=\int_0^{2\pi}\mathrm{d}\theta\int_0^1 r\mathrm{d}r\int_{r^2}^1(z-r^2)\mathrm{d}z+\int_0^{2\pi}\mathrm{d}\theta\int_0^1 r\mathrm{d}r\int_0^{r^2}(r^2-z)\mathrm{d}z=\dfrac{\pi}{3}$.

6. 解 由对称性,知 $\oint_\Gamma x^2\mathrm{d}s=\oint_\Gamma y^2\mathrm{d}s=\oint_\Gamma z^2\mathrm{d}s$,故

$$\oint_\Gamma x^2\mathrm{d}s=\dfrac{1}{3}\oint_\Gamma(x^2+y^2+z^2)\mathrm{d}s=\dfrac{1}{3}\oint_\Gamma a^2\mathrm{d}s=\dfrac{1}{3}a^2\cdot 2\pi a.$$

7. 解 $\dfrac{\partial Q}{\partial x}-\dfrac{\partial P}{\partial y}=2\mathrm{e}^{2x}\cos y+1-(2\mathrm{e}^{2x}\cos y+3)=-2$. 补线段 $BA:y=0,x$ 由 -1 变

化到 1. 那么有

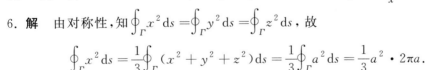

$$= -\iint_D (-2)\,\mathrm{d}x\,\mathrm{d}y - \int_{-1}^{1} 0\,\mathrm{d}x = \pi.$$

8. **解** 当 $n \to \infty$ 时，$\ln\dfrac{n+2}{n} = \ln\left(1+\dfrac{2}{n}\right) \sim \dfrac{2}{n}$，$\dfrac{1}{\sqrt[3]{n+1}} \sim \dfrac{1}{\sqrt[3]{n}}$，从而 $\dfrac{1}{\sqrt[3]{n+1}}\ln\dfrac{n+2}{n}$ 与 $\dfrac{1}{n^{\frac{4}{3}}}$ 同阶．因此，利用比较审敛法的极限形式有

$$\lim_{n\to\infty} n^{\frac{4}{3}} \cdot \dfrac{1}{\sqrt[3]{n+1}} \ln\left(\dfrac{n+2}{n}\right) = \lim_{n\to\infty} \dfrac{\sqrt[3]{n}}{\sqrt[3]{n+1}} \cdot \dfrac{\ln\left(1+\dfrac{2}{n}\right)}{\dfrac{1}{n}} = 2.$$

由 $p = \dfrac{4}{3} > 1$ 知原级数 $\displaystyle\sum_{n=1}^{\infty} \dfrac{1}{\sqrt[3]{n+1}} \ln\dfrac{n+2}{n}$ 收敛．

9. **解** 令 $t = x+1$，则 $u(t) = \dfrac{3^n}{n} t^n = a_n t^n$，$\rho = \lim_{n\to\infty}\left|\dfrac{a_{n+1}}{a_n}\right| = \lim_{n\to\infty}\dfrac{3^{n+1} n}{(n+1)3^n} = 3$，所以收敛半径 $R = \dfrac{1}{3}$．当 $t = -\dfrac{1}{3}$，即 $x = -\dfrac{4}{3}$ 时，$\displaystyle\sum_{n=1}^{\infty} \dfrac{3^n}{n}\left(-\dfrac{1}{3}\right)^n = \sum_{n=1}^{\infty} \dfrac{(-1)^n}{n}$，右端级数收敛，故原级数在 $x = -\dfrac{4}{3}$ 处收敛；当 $t = \dfrac{1}{3}$，即 $x = -\dfrac{2}{3}$ 时，$\displaystyle\sum_{n=1}^{\infty} \dfrac{3^n}{n}\left(\dfrac{1}{3}\right)^n = \sum_{n=1}^{\infty} \dfrac{1}{n}$，右端级数发散，故原级数在 $x = -\dfrac{2}{3}$ 时发散．综上所述，原级数的收敛域为 $\left[-\dfrac{4}{3}, -\dfrac{2}{3}\right)$．

四、解：l 的单位向量 $\boldsymbol{e}_l = \left(\dfrac{1}{\sqrt{2}}, -\dfrac{1}{\sqrt{2}}, 0\right)$，所以

$$\dfrac{\partial f}{\partial l} = \dfrac{\partial f}{\partial x} \dfrac{1}{\sqrt{2}} - \dfrac{\partial f}{\partial y} \dfrac{1}{\sqrt{2}} + \dfrac{\partial f}{\partial z} \cdot 0 = \sqrt{2}(x-y).$$

由题意，要考查函数 $\sqrt{2}(x-y)$ 在条件 $2x^2 + 2y^2 + z^2 = 1$ 下的最大值，为此构造拉格朗日函数 $F(x,y,z) = \sqrt{2}(x-y) + \lambda(2x^2 + 2y^2 + z^2 - 1)$，令

$$\begin{cases} F'_x = \sqrt{2} + 4\lambda x = 0, \\ F'_y = -\sqrt{2} + 4\lambda y = 0, \\ F'_z = 2\lambda z = 0, \\ 2x^2 + 2y^2 + z^2 = 1, \end{cases}$$

解得可能的极值点为 $\left(\dfrac{1}{2}, -\dfrac{1}{2}, 0\right)$ 及 $\left(-\dfrac{1}{2}, \dfrac{1}{2}, 0\right)$．因为所要求的最大值一定存在，比较 $\left.\dfrac{\partial f}{\partial l}\right|_{\left(\frac{1}{2}, -\frac{1}{2}, 0\right)} = \sqrt{2}$，$\left.\dfrac{\partial f}{\partial l}\right|_{\left(-\frac{1}{2}, \frac{1}{2}, 0\right)} = -\sqrt{2}$ 知 $\left(\dfrac{1}{2}, -\dfrac{1}{2}, 0\right)$ 为所求的点．

模拟测试三

一、1. D.　　2. B.　　3. B.　　4. C.　　5. B.

二、1. $2x + 2y - z = 4$.　　2. $\dfrac{1}{2}(\mathrm{e}-1)$.　　3. $(2,4,4), (-2,-4,-4)$.

4. $p > \dfrac{5}{2}$.   5. $\ln 3 + \sum\limits_{n=1}^{\infty}(-1)^{n+1}\dfrac{x^n}{n \cdot 3^n}, -3 < x \leqslant 3$.

三、1. **解** $\dfrac{\partial u}{\partial x} = \dfrac{1}{2}\dfrac{2x}{x^2+y^2+z^2} = \dfrac{x}{x^2+y^2+z^2}, \dfrac{\partial^2 u}{\partial x^2} = \dfrac{x^2+y^2+z^2-x \cdot 2x}{(x^2+y^2+z^2)^2} =$
$\dfrac{-x^2+y^2+z^2}{(x^2+y^2+z^2)^2}$,

由对称性知 $\dfrac{\partial^2 u}{\partial y^2} = \dfrac{x^2-y^2+z^2}{(x^2+y^2+z^2)^2}, \dfrac{\partial^2 u}{\partial z^2} = \dfrac{x^2+y^2-z^2}{(x^2+y^2+z^2)^2}$, 故

$$\dfrac{\partial^2 u}{\partial x^2} + \dfrac{\partial^2 u}{\partial y^2} + \dfrac{\partial^2 u}{\partial z^2} = \dfrac{1}{x^2+y^2+z^2}.$$

2. **解** $\dfrac{dy}{dx} = f_1' e^x - f_2' \sin x, \dfrac{dy}{dx}\bigg|_{x=0} = f_1'(1,1)$,

$\dfrac{d^2 y}{dx^2} = (f_{11}'' e^x - f_{22}'' \sin x)e^x + f_1' e^x - (f_{21}'' e^x - f_{22}'' \sin x)\sin x - f_2' \cos x$,

$\dfrac{d^2 y}{dx^2}\bigg|_{x=0} = f_{11}''(1,1) + f_1'(1,1) - f_2'(1,1)$.

3. **解** 将方程两边分别关于 x, y 求导,得

$z + (x+1)z_x' = 2xf(x-z,y) + x^2 f_1'(x-z,y)(1-z_x')$,

$(x+1)z_y' - 2y = x^2[f_1'(x-z,y)(-z_y') + f_2'(x-z,y)]$,

将 $x=0, y=1, z=1$ 代入上面两个式子得 $dz|_{(0,1)} = -dx + 2dy$.

4. **解** 为计算积分,首先要将被积函数 $\sqrt{|y-x^2|}$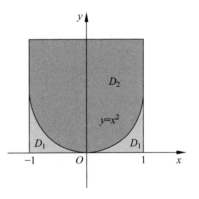
中绝对值符号去掉,如右图所示抛物线 $y=x^2$ 将 D 分成
两个子区域 D_1, D_2,其中
$D_1: -1 \leqslant x \leqslant 1, 0 \leqslant y \leqslant x^2$;
$D_2: -1 \leqslant x \leqslant 1, x^2 \leqslant y \leqslant 2$.
因此
$$f(x,y) = \begin{cases} \sqrt{x^2-y}, & (x,y) \in D_1, \\ \sqrt{y-x^2}, & (x,y) \in D_2. \end{cases}$$
被积函数 $f(x,y)$ 在 D 上是关于 x 的偶函数,积分区域
D 关于 y 轴对称,D_1, D_2 也是关于 y 轴对称的,故

$\iint\limits_{D}\sqrt{|y-x^2|}\,dx\,dy = \iint\limits_{D_1}\sqrt{x^2-y}\,dx\,dy + \iint\limits_{D_2}\sqrt{y-x^2}\,dx\,dy$

$= 2\int_0^1 dx \int_0^{x^2}\sqrt{x^2-y}\,dy + 2\int_0^1 dx \int_{x^2}^2 \sqrt{y-x^2}\,dy = \dfrac{\pi}{2} + \dfrac{5}{3}$.

5. **解** 被积函数 $(x+y+z)^2 = x^2+y^2+z^2+2(xy+yz+xz)$,由于 Ω 关于 zOx 坐标
面对称,$xy+yz$ 是 y 的奇函数,所以 $\iiint\limits_{\Omega}(xy+yz)dv = 0$. 同理,由于 Ω 关于 yOz 坐标面对

称，xz 是 x 的奇函数，所以 $\iiint\limits_{\Omega} xz\,dv = 0$. 采用柱面坐标，$\Omega$ 由不等式 $0 \leqslant \theta \leqslant 2\pi$，$0 \leqslant r \leqslant 1$，$r^2 \leqslant z \leqslant \sqrt{2-r^2}$ 给出，则

$$I = \iiint\limits_{\Omega}(x+y+z)^2\,dv = \iiint\limits_{\Omega}(x^2+y^2+z^2)\,dv$$

$$= \iiint\limits_{\Omega}(r^2+z^2)r\,dr\,d\theta\,dz = \int_0^{2\pi}d\theta\int_0^1 dr\int_{r^2}^{\sqrt{2-r^2}}(r^3+rz^2)\,dz$$

$$= \frac{\pi}{60}(96\sqrt{2}-89).$$

6. 解 由题意知，AB 的对称式方程为 $\dfrac{x-3}{1} = \dfrac{y-1}{1} = \dfrac{z-2}{1}$，$AB$ 的参数方程为

$$\begin{cases} x = t+3, \\ y = t+1, \; t: 0 \to 1, \\ z = t+2, \end{cases}$$

利用对坐标的曲线积分的计算公式得

$$\int_\Gamma (y+z)\,dx + (z+x)\,dy + (x+y)\,dz = \int_0^1 (2t+3)\,dt + (2t+5)\,dt + (2t+4)\,dt$$

$$= \int_0^1 (6t+12)\,dt = 15.$$

7. 解 设所补直线 L_1 为 $x = 0$（$0 \leqslant y \leqslant 2$），方向向下，其参数方程为 $\begin{cases} x = 0, \\ y = y, \end{cases}$ 利用格林公式得

原式 $= \int_{L+L_1} 3x^2 y\,dx + (x^3+x+2y)\,dy - \int_{L_1} 3x^2 y\,dx + (x^3+x+2y)\,dy$

$$= \iint\limits_{D}(3x^2+1-3x^2)\,dx\,dy - \int_2^0 2y\,dy = \frac{\pi}{2} + 4.$$

8. 解 当 $n \to \infty$ 时，$\ln\dfrac{n-1}{n+1} = \ln\left(1-\dfrac{2}{n+1}\right) \sim \left(-\dfrac{2}{n+1}\right) \sim \left(-\dfrac{2}{n}\right)$，$\sqrt{n+1}-\sqrt{n} = \dfrac{1}{\sqrt{n+1}+\sqrt{n}} \sim \dfrac{1}{2\sqrt{n}}$，所以

$$u_n = (\sqrt{n+1}-\sqrt{n})\ln\left(\dfrac{n-1}{n+1}\right) \sim \left(\dfrac{1}{2\sqrt{n}}\right)\left(-\dfrac{2}{n}\right) = -\dfrac{1}{n^{\frac{3}{2}}}.$$

显然该级数是负项级数，由级数基本性质知，级数 $\sum\limits_{n=1}^{\infty} u_n$ 与 $\sum\limits_{n=1}^{\infty}(-u_n)$ 有相同的收敛性. 而 $\lim\limits_{n \to \infty} n^{\frac{3}{2}}(-u_n) = 1$，由比较审敛法的极限形式知正项级数 $\sum\limits_{n=1}^{\infty}(-u_n)$ 收敛，故原级数 $\sum\limits_{n=2}^{\infty}(\sqrt{n+1}-\sqrt{n})\ln\dfrac{n-1}{n+1}$ 收敛.

9. 解 不是形如 $\sum\limits_{n=0}^{\infty} a_n x^n$ 型的幂级数，其收敛域不能用阿贝尔定理先求出其收敛半

径,再求其收敛域. 对于这类函数项级数,可按收敛域的定义,用正项级数的比值审敛法直接求解. 记 $u_n(x)=\dfrac{n^2}{x^n}, n=1,2,\cdots$,因为 $\lim\limits_{n\to\infty}\left|\dfrac{u_{n+1}(x)}{u_n(x)}\right|=\lim\limits_{n\to\infty}\left|\dfrac{(n+1)^2 x^n}{x^{n+1} n^2}\right|=\left|\dfrac{1}{x}\right|$,由比值审敛法知,当 $\left|\dfrac{1}{x}\right|<1$,即 $|x|>1$ 时,原级数收敛;当 $\left|\dfrac{1}{x}\right|>1$,即 $|x|<1$ 时,原级数发散;当 $x=1$ 时,$\sum\limits_{n=1}^{\infty} n^2$ 及 $x=-1$ 时,$\sum\limits_{n=1}^{\infty}(-1)^n n^2$ 都发散,所以原级数的收敛域为 $(-\infty,-1)\cup(1,+\infty)$.

本题也可以令 $t=\dfrac{1}{x}$,将级数化为 $\sum\limits_{n=1}^{\infty} n^2 t^n$,求得它的收敛域为 $-1<t<1$,故原级数的收敛域为 $-1<\dfrac{1}{x}<1$,即 $(-\infty,-1)\cup(1,+\infty)$.

四、解 设 $P(x,y,z)$ 为抛物面 $z=x^2+y^2$ 上任一点,则 P 到平面 $x+y-2z=2$ 的距离为 $d=\dfrac{1}{\sqrt{6}}|x+y-2z-2|$. 分析:本题变为求一点 $P(x,y,z)$,使得 x,y,z 满足 $x^2+y^2-z=0$ 且使 $d=\dfrac{1}{\sqrt{6}}|x+y-2z-2|$(即 $d^2=\dfrac{1}{6}(x+y-2z-2)^2$)最小.

令 $F(x,y,z)=\dfrac{1}{6}(x+y-2z-2)^2+\lambda(z-x^2-y^2)$,得

$$\begin{cases} F'_x=\dfrac{1}{3}(x+y-2z-2)-2\lambda x=0, \\ F'_y=\dfrac{1}{3}(x+y-2z-2)-2\lambda y=0, \\ F'_z=\dfrac{1}{3}(x+y-2z-2)(-2)+\lambda=0, \\ z=x^2+y^2, \end{cases}$$

解方程组得 $x=\dfrac{1}{4}, y=\dfrac{1}{4}, z=\dfrac{1}{8}$,即得唯一驻点 $\left(\dfrac{1}{4},\dfrac{1}{4},\dfrac{1}{8}\right)$. 根据题意,距离的最小值一定存在,且有唯一驻点,故必在 $\left(\dfrac{1}{4},\dfrac{1}{4},\dfrac{1}{8}\right)$ 处取得最小值,最小距离为 $d_{\min}=\dfrac{1}{\sqrt{6}}\left|\dfrac{1}{4}+\dfrac{1}{4}-\dfrac{1}{4}-2\right|=\dfrac{7}{4\sqrt{6}}$.

能力提升题

一、填空题

1. 设 $f(u,v)$ 为二元可微函数，$z=f(x^y, y^x)$，则 $\dfrac{\partial z}{\partial x} = $ _____．

2. 设曲面 $\Sigma: |x|+|y|+|z|=1$，则 $\oiint\limits_{\Sigma}(x+|y|)\mathrm{d}S = $ _____．

3. 曲线 $\sin(xy)+\ln(y-x)=x$ 在点 $(0,1)$ 的切线方程为 _____．

4. 已知幂级数 $\sum\limits_{n=0}^{\infty}a_n(x+2)^n$ 在 $x=0$ 处收敛，在 $x=-4$ 处发散，则幂级数 $\sum\limits_{n=0}^{\infty}a_n(x-2)^n$ 的收敛域为 _____．

5. 设曲面 Σ 是 $z=\sqrt{4-x^2-y^2}$ 的上侧，则 $\iint\limits_{\Sigma}xy\,\mathrm{d}y\mathrm{d}z+x\,\mathrm{d}z\mathrm{d}x+x^2\,\mathrm{d}x\mathrm{d}y = $ _____．

6. 设函数 $f(u,v)$ 具有二阶连续偏导数，$z=f(x,xy)$，则 $\dfrac{\partial^2 z}{\partial x \partial y} = $ _____．

7. 已知曲线 $L: y=x^2 \; (0 \leqslant x \leqslant \sqrt{2})$，则 $\int_L x\,\mathrm{d}s = $ _____．

8. 设 $\Omega=\{(x,y,z)\mid x^2+y^2+z^2 \leqslant 1\}$，则 $\iiint\limits_{\Omega}z^2\,\mathrm{d}x\mathrm{d}y\mathrm{d}z = $ _____．

9. 已知曲线 L 的方程为 $y=1-|x|, x\in[-1,1]$，起点是 $(-1,0)$，终点是 $(1,0)$，则曲线积分 $\int_L xy\,\mathrm{d}x+x^2\,\mathrm{d}y = $ _____．

10. 设 $\Omega=\{(x,y,z)\mid x^2+y^2 \leqslant z \leqslant 1\}$，则 Ω 的形心坐标 $\bar{z} = $ _____．

11. 设函数 $F(x,y)=\int_0^{xy}\dfrac{\sin t}{1+t^2}\mathrm{d}t$，则 $\dfrac{\partial^2 F}{\partial x^2}\bigg|_{x=0,y=2} = $ _____．

12. 设 L 是柱面方程 $x^2+y^2=1$ 与平面 $z=x+y$ 的交线，从 z 轴正向往 z 轴负向看去为逆时针方向，则曲线积分 $\oint_L xz\,\mathrm{d}x+x\,\mathrm{d}y+\dfrac{y^2}{2}\mathrm{d}z = $ _____．

13. $\mathrm{grad}\left(xy+\dfrac{z}{y}\right)\bigg|_{(2,1,1)} = $ _____．

14. 设 $\Sigma=\{(x,y,z)\mid x+y+z=1, x\geqslant 0, y\geqslant 0, z\geqslant 0\}$，则 $\iint\limits_{\Sigma}y^2\,\mathrm{d}S = $ _____．

15. 曲面 $z=x^2(1-\sin y)+y^2(1-\sin x)$ 在点 $(1,0,1)$ 处的切平面方程为 _____．

16. 设 L 是柱面 $x^2+y^2=1$ 和平面 $y+z=0$ 的交线，从 z 轴正方向往负方向看是逆时针方向，则曲线积分 $\oint_L z\,\mathrm{d}x+y\,\mathrm{d}z = $ _____．

二、选择题

1. 设函数 $f(x)$ 在 $(0,+\infty)$ 内具有二阶导数,且 $f''(x)>0$. 令 $u_n=f(n)(n=1,2,\cdots,)$,则下列结论正确的是( ).

  A. 若 $u_1>u_2$,则 $\{u_n\}$ 必收敛   B. 若 $u_1>u_2$,则 $\{u_n\}$ 必发散

  C. 若 $u_1<u_2$,则 $\{u_n\}$ 必收敛   D. 若 $u_1<u_2$,则 $\{u_n\}$ 必发散

2. 设曲线 $L: f(x,y)=1$ ($f(x,y)$ 具有一阶连续偏导数),过第二象限内的点 M 和第四象限内的点 N,Γ 为 L 上从点 M 到点 N 的一段弧,则下列小于零的是( ).

  A. $\int_\Gamma f(x,y)\mathrm{d}x$ B. $\int_\Gamma f(x,y)\mathrm{d}y$

  C. $\int_\Gamma f(x,y)\mathrm{d}s$ D. $\int_\Gamma f'_x(x,y)\mathrm{d}x+f'_y(x,y)\mathrm{d}y$

3. 函数 $f(x,y)=\arctan\dfrac{x}{y}$ 在点 $(0,1)$ 处的梯度等于( ).

  A. $\boldsymbol{i}$ B. $-\boldsymbol{i}$

  C. $\boldsymbol{j}$ D. $-\boldsymbol{j}$

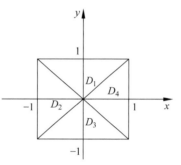

4. 如图,正方形 $\{(x,y)||x|\leqslant 1,|y|\leqslant 1\}$ 被其对角线划分为四个区域 $D_k(k=1,2,3,4)$,$I_k=\iint\limits_{D_k} y\cos x\,\mathrm{d}x\mathrm{d}y$,则 $\max\limits_{1\leqslant k\leqslant 4}\{I_k\}=($).

  A. I_1 B. I_2 C. I_3 D. I_4

5. 设有两个数列 $\{a_n\},\{b_n\}$,若 $\lim\limits_{n\to\infty}a_n=0$,则( ).

  A. 当 $\sum\limits_{n=1}^{\infty}b_n$ 收敛时,$\sum\limits_{n=1}^{\infty}a_nb_n$ 收敛   B. 当 $\sum\limits_{n=1}^{\infty}b_n$ 发散时,$\sum\limits_{n=1}^{\infty}a_nb_n$ 发散

  C. 当 $\sum\limits_{n=1}^{\infty}|b_n|$ 收敛时,$\sum\limits_{n=1}^{\infty}a_n^2b_n^2$ 收敛   D. 当 $\sum\limits_{n=1}^{\infty}|b_n|$ 发散时,$\sum\limits_{n=1}^{\infty}a_n^2b_n^2$ 发散

6. 设函数 $z=z(x,y)$ 由方程 $F\left(\dfrac{y}{x},\dfrac{z}{x}\right)=0$ 确定,其中 F 为可微函数,且 $F'_2\neq 0$,则 $x\dfrac{\partial z}{\partial x}+y\dfrac{\partial z}{\partial y}=($).

  A. x B. z C. $-x$ D. $-z$

7. $\lim\limits_{n\to\infty}\sum\limits_{i=1}^{n}\sum\limits_{j=1}^{n}\dfrac{n}{(n+i)(n^2+j^2)}=($).

  A. $\int_0^1\mathrm{d}x\int_0^\infty\dfrac{1}{(1+x)(1+y^2)}\mathrm{d}y$ B. $\int_0^1\mathrm{d}x\int_0^\infty\dfrac{1}{(1+x)(1+y)}\mathrm{d}y$

  C. $\int_0^1\mathrm{d}x\int_0^1\dfrac{1}{(1+x)(1+y)}\mathrm{d}y$ D. $\int_0^1\mathrm{d}x\int_0^1\dfrac{1}{(1+x)(1+y^2)}\mathrm{d}y$

8. 设数列 $\{a_n\}$ 单调递减,且 $\lim\limits_{n\to\infty}a_n=0$. $S_n=\sum\limits_{i=1}^{n}a_i(n=1,2,3,\cdots)$ 无界,则幂级数

$\sum_{n=1}^{\infty} a_n(x-1)^n$ 的收敛域为（　　）．

A. $(-1,1]$　　　　B. $[-1,1)$　　　　C. $[0,2)$　　　　D. $(0,2]$

9. 设函数 $f(x)$ 具有二阶连续的导数，且 $f(x)>0, f'(0)=0$．则函数 $z=f(x)\ln f(y)$ 在点 $(0,0)$ 处取得极小值的一个充分条件是（　　）．

A. $f(0)>1, f''(0)>0$ 　　　　B. $f(0)>1, f''(0)<0$

C. $f(0)<1, f''(0)>0$ 　　　　D. $f(0)<1, f''(0)<0$

10. 如果函数 $f(x,y)$ 在 $(0,0)$ 处连续，那么下列命题正确的是（　　）．

A. 若极限 $\lim\limits_{\substack{x\to 0 \\ y\to 0}} \dfrac{f(x,y)}{|x|+|y|}$ 存在，则 $f(x,y)$ 在 $(0,0)$ 处可微

B. 若极限 $\lim\limits_{\substack{x\to 0 \\ y\to 0}} \dfrac{f(x,y)}{x^2+y^2}$ 存在，则 $f(x,y)$ 在 $(0,0)$ 处可微

C. 若 $f(x,y)$ 在 $(0,0)$ 处可微，则极限 $\lim\limits_{\substack{x\to 0 \\ y\to 0}} \dfrac{f(x,y)}{|x|+|y|}$ 存在

D. 若 $f(x,y)$ 在 $(0,0)$ 处可微，则极限 $\lim\limits_{\substack{x\to 0 \\ y\to 0}} \dfrac{f(x,y)}{x^2+y^2}$ 存在

11. 曲面 $x^2+\cos(xy)+yz+x=0$ 在点 $(0,1,-1)$ 处的切平面方程为（　　）．

A. $x-y+z=-2$ 　　　　B. $x+y+z=0$

C. $x-2y+z=-3$ 　　　　D. $x-y-z=0$

12. 设 $f(x)=\left|x-\dfrac{1}{2}\right|, b_n=2\int_0^1 f(x)\sin n\pi x\,\mathrm{d}x\,(n=1,2,\cdots)$，令 $S(x)=\sum_{n=1}^{\infty} b_n \sin n\pi x$，则（　　）．

A. $\dfrac{3}{4}$　　　　B. $\dfrac{1}{4}$　　　　C. $-\dfrac{1}{4}$　　　　D. $-\dfrac{3}{4}$

13. 设 $L_1: x^2+y^2=1, L_2: x^2+y^2=2, L_3: x^2+2y^2=2, L_4: 2x^2+y^2=2$ 为四条逆时针方向的平面曲线，记 $I_i=\oint_{L_i}\left(y+\dfrac{y^3}{6}\right)\mathrm{d}x+\left(2x-\dfrac{x^3}{3}\right)\mathrm{d}y$，则 $\max\{I_1,I_2,I_3,I_4\}=$（　　）．

A. I_1　　　　B. I_2　　　　C. I_3　　　　D. I_4

14. 设 $f(x)$ 是连续函数，则 $\int_0^1 \mathrm{d}y \int_{-\sqrt{1-y^2}}^{1-y} f(x,y)\mathrm{d}x=$（　　）．

A. $\int_0^1 \mathrm{d}x \int_0^{x-1} f(x,y)\mathrm{d}y + \int_{-1}^0 \mathrm{d}x \int_0^{\sqrt{1-x^2}} f(x,y)\mathrm{d}y$

B. $\int_0^1 \mathrm{d}x \int_0^{1-x} f(x,y)\mathrm{d}y + \int_{-1}^0 \mathrm{d}x \int_{-\sqrt{1-x^2}}^0 f(x,y)\mathrm{d}y$

C. $\int_0^{\frac{\pi}{2}} \mathrm{d}\theta \int_0^{\frac{1}{\cos\theta+\sin\theta}} f(r\cos\theta, r\sin\theta)\mathrm{d}r + \int_{\frac{\pi}{2}}^{\pi} \mathrm{d}\theta \int_0^1 f(r\cos\theta, r\sin\theta)\mathrm{d}r$

D. $\int_0^{\frac{\pi}{2}} \mathrm{d}\theta \int_0^{\frac{1}{\cos\theta+\sin\theta}} f(r\cos\theta, r\sin\theta)r\,\mathrm{d}r + \int_{\frac{\pi}{2}}^{\pi} \mathrm{d}\theta \int_0^1 f(r\cos\theta, r\sin\theta)r\,\mathrm{d}r$

三、解答题

1. 求函数 $f(x,y)=x^2+2y^2-x^2y^2$ 在区域 $D=\{(x,y)\mid x^2+y^2\leqslant 4, y\geqslant 0\}$ 上的最大值和最小值.

2. 计算曲面积分 $I=\iint\limits_{\Sigma}xz\,\mathrm{d}y\mathrm{d}z+2zy\,\mathrm{d}z\mathrm{d}x+3xy\,\mathrm{d}x\mathrm{d}y$,其中 Σ 为曲面 $z=1-x^2-\dfrac{y^2}{4}$ $(0\leqslant z\leqslant 1)$ 的上侧.

3. 设幂级数 $\sum\limits_{n=0}^{\infty} a_n x^n$ 在 $(-\infty,+\infty)$ 内收敛,其和函数 $y(x)$ 满足
$$y'' - 2xy' - 4y = 0, \quad y(0)=0, \quad y'(0)=1.$$

(1) 证明:$a_{n+2} = \dfrac{2}{n+1} a_n, n=1,2,\cdots$;

(2) 求 $y(x)$ 的表达式.

4. 计算曲线积分 $\int_L \sin 2x\, dx + 2(x^2-1)y\, dy$,其中 L 是曲线 $y=\sin x$ 上从 $(0,0)$ 到 $(\pi,0)$ 的一段.

5. 已知曲线 $C:\begin{cases} x^2+y^2-2z^2=0, \\ x+y+3z=5, \end{cases}$ 求 C 上距离 xOy 面最远的点和最近的点.

6. 将函数 $f(x)=1-x^2$ $(0\leqslant x\leqslant \pi)$ 展开成余弦级数,并求级数 $\sum\limits_{n=1}^{\infty}\dfrac{(-1)^{n-1}}{n}$ 的和.

7. 求二元函数 $f(x,y)=x^2(2+y^2)+y\ln y$ 的极值.

8. 计算曲面积分 $I=\oiint\limits_{\Sigma}\dfrac{x\,\mathrm{d}y\,\mathrm{d}z+y\,\mathrm{d}z\,\mathrm{d}x+z\,\mathrm{d}x\,\mathrm{d}y}{(x^2+y^2+z^2)^{\frac{3}{2}}}$,其中 Σ 是曲面 $2x^2+2y^2+z^2=4$ 的外侧.

9. 求幂级数 $\sum\limits_{n=1}^{\infty}\dfrac{(-1)^{n-1}}{2n-1}x^{2n}$ 的收敛域及和函数.

10. 设 P 为椭球面 $S: x^2+y^2+z^2-yz=1$ 上的动点,若 S 在点 P 处的切平面与 xOy 面垂直,求点 P 的轨迹 C,并计算曲面积分 $I=\iint\limits_{\Sigma}\dfrac{(x+\sqrt{3})|y-2z|}{\sqrt{4+y^2+z^2-4yz}}\mathrm{d}S$,其中 Σ 椭球面 S 位于曲线 C 上方的部分.

11. 设函数 $z=f(xy,yg(x))$，其中 $f(u,v)$ 具有二阶连续的偏导数，函数 $g(x)$ 可导且在 $x=1$ 处取得极值 $g(1)=1$. 求 $\dfrac{\partial^2 z}{\partial x \partial y}\bigg|_{x=1,y=1}$.

12. 已知函数 $f(x,y)$ 具有二阶连续的偏导数，且 $f(1,y)=f(x,1)=0$, $\iint\limits_{D} f(x,y)\mathrm{d}x\mathrm{d}y = a$，其中 $D=\{(x,y)\,|\,0\leqslant x\leqslant 1, 0\leqslant y\leqslant 1\}$，计算二重积分 $I=\iint\limits_{D} xy f''_{xy}(x,y)\mathrm{d}x\mathrm{d}y$.

13. 求函数 $f(x,y)=x\mathrm{e}^{-\frac{x^2+y^2}{2}}$ 的极值.

14. 求幂级数 $\sum\limits_{n=0}^{\infty}\dfrac{4n^2+4n+3}{2n+1}x^{2n}$ 的收敛域及和函数.

能力提升题

15. 设数列 $\{a_n\}$ 满足条件：$a_0=3, a_1=1, a_{n-2}-n(n-1)a_n=0 (n\geq 2)$. $S(x)$ 是幂级数 $\sum\limits_{n=0}^{\infty}a_n x^n$ 的和函数.

（Ⅰ）证明：$S''(x)-S(x)=0$；　　　　　（Ⅱ）求 $S(x)$ 的表达式.

16. 求函数 $f(x,y)=\left(y+\dfrac{x^3}{3}\right)e^{x+y}$ 的极值.

17. 设直线 L 过 $A(1,0,0), B(0,1,1)$ 两点将 L 绕 z 轴旋转一周得到曲面 Σ, Σ 与平面 $z=0, z=2$ 所围成的立体为 Ω. 求：

（Ⅰ）曲面 Σ 的方程；（Ⅱ）Ω 的形心坐标.

18. 设函数 $f(u)$ 具有二阶连续导数，$z=f(\mathrm{e}^x \cos y)$ 满足
$$\frac{\partial^2 z}{\partial x^2} + \frac{\partial^2 z}{\partial y^2} = (4z + \mathrm{e}^x \cos y)\mathrm{e}^{2x}.$$
若 $f(0)=0, f'(0)=0$，求 $f(u)$ 的表达式.

19. 设曲面 $\Sigma: z = x^2 + y^2 \ (z \leq 1)$ 的上侧,计算曲面积分
$$\iint_{\Sigma} (x-1)^3 \mathrm{d}y\mathrm{d}z + (y-1)^3 \mathrm{d}z\mathrm{d}x + (z-1)\mathrm{d}x\mathrm{d}y.$$

20. 设数列 $\{a_n\}, \{b_n\}$ 满足 $0 < a_n < \dfrac{\pi}{2}, 0 < b_n < \dfrac{\pi}{2}, \cos a_n - a_n = \cos b_n$ 且级数 $\sum\limits_{n=1}^{\infty} b_n$ 收敛. 证明:

(Ⅰ) $\lim\limits_{n \to \infty} a_n = 0$;(Ⅱ) 级数 $\sum\limits_{n=1}^{\infty} \dfrac{a_n}{b_n}$ 收敛.

能力提升题答案及参考解答

一、1. $f'_u \cdot yx^{y-1} + f'_v \cdot y^x \ln y$.

解 设 $u = x^y, v = y^x$，利用复合函数求偏导公式，有
$$\frac{\partial z}{\partial x} = \frac{\partial z}{\partial u}\frac{\partial u}{\partial x} + \frac{\partial z}{\partial v}\frac{\partial v}{\partial x} = f'_u \cdot yx^{y-1} + f'_v \cdot y^x \ln y.$$

2. $\frac{4}{3}\sqrt{3}$.

解 $\oiint\limits_{\Sigma}(x+|y|)\mathrm{d}S = \oiint\limits_{\Sigma}x\,\mathrm{d}S + \oiint\limits_{\Sigma}|y|\,\mathrm{d}S.$

由于曲面 Σ 关于平面 yOz 对称，且在对称点 x 处的值互为相反数，所以 $\oiint\limits_{\Sigma}x\,\mathrm{d}S = 0$.

又曲面 $\Sigma: |x|+|y|+|z|=1$ 具有轮换对称性，于是

$$\oiint\limits_{\Sigma}(x+|y|)\mathrm{d}S = \oiint\limits_{\Sigma}|y|\,\mathrm{d}S = \oiint\limits_{\Sigma}|x|\,\mathrm{d}S = \oiint\limits_{\Sigma}|z|\,\mathrm{d}S = \frac{1}{3}\oiint\limits_{\Sigma}(|x|+|y|+|z|)\mathrm{d}S$$
$$= \frac{1}{3}\oiint\limits_{\Sigma}\mathrm{d}S = \frac{1}{3} \times 8 \times \frac{\sqrt{3}}{2} = \frac{4}{3}\sqrt{3}.$$

3. $y = x+1$.

解 设 $F(x,y) = \sin(xy) + \ln(y-x) - x$，则
$$F_x(x,y) = y\cos(xy) + \frac{-1}{y-x} - 1, \quad F_y(x,y) = x\cos(xy) + \frac{1}{y-x},$$

$F_x(0,1) = -1, F_y(0,1) = 1$. 于是斜率 $k = -\dfrac{F'_x(0,1)}{F'_y(0,1)} = 1$. 故所求得切线方程为 $y = x+1$.

4. $(0,4]$.

解 由题意，知 $\sum\limits_{n=0}^{\infty}a_n(x+2)^n$ 的收敛域为 $(-4,0]$，则 $\sum\limits_{n=0}^{\infty}a_n x^n$ 的收敛域为 $(-2,2]$. 所以 $\sum\limits_{n=0}^{\infty}a_n(x-2)^n$ 的收敛域为 $(0,4]$.

5. 4π.

解 作辅助面 $\Sigma_1: z=0$ 取下侧，则由高斯公式，有
$$\iint\limits_{\Sigma}xy\,\mathrm{d}y\mathrm{d}z + x\,\mathrm{d}z\mathrm{d}x + x^2\,\mathrm{d}x\mathrm{d}y$$
$$= \oiint\limits_{\Sigma}xy\,\mathrm{d}y\mathrm{d}z + x\,\mathrm{d}z\mathrm{d}x + x^2\,\mathrm{d}x\mathrm{d}y - \iint\limits_{\Sigma_1}xy\,\mathrm{d}y\mathrm{d}z + x\,\mathrm{d}z\mathrm{d}x + x^2\,\mathrm{d}x\mathrm{d}y$$

$$= \oiiint_\Omega y\mathrm{d}v + \iint_{x^2+y^2\leqslant 4} x^2 \mathrm{d}x\mathrm{d}y$$

$$= 0 + \frac{1}{2}\iint_{x^2+y^2\leqslant 4}(x^2+y^2)\mathrm{d}x\mathrm{d}y$$

$$= \frac{1}{2}\int_0^{2\pi}\mathrm{d}\theta\int_0^2 r^2 \cdot r\mathrm{d}r = \pi\frac{16}{4} = 4\pi.$$

6. $xf''_{12} + f'_2 + xyf''_{22}.$

解 $\dfrac{\partial z}{\partial x} = f'_1 + f'_2 \cdot y, \dfrac{\partial^2 z}{\partial x \partial y} = xf''_{12} + f'_2 + yx \cdot f''_{22} = xf''_{12} + f'_2 + xyf''_{22}.$

7. $\dfrac{13}{6}.$

解 由题意可知,$x = x, y = x^2, 0 \leqslant x \leqslant \sqrt{2}$,则

$$\mathrm{d}s = \sqrt{(x')^2 + (y')^2}\mathrm{d}x = \sqrt{1+4x^2}\mathrm{d}x,$$

所以 $\displaystyle\int_L x\mathrm{d}s = \int_0^{\sqrt{2}} x\sqrt{1+4x^2}\mathrm{d}x = \frac{1}{8}\int_0^{\sqrt{2}}\sqrt{1+4x^2}\mathrm{d}(1+4x^2)$

$$= \frac{1}{8} \cdot \frac{2}{3}\sqrt{(1+4x^2)^3}\bigg|_0^{\sqrt{2}} = \frac{13}{6}.$$

8. $\dfrac{4}{15}\pi.$

解 解法 1 $\displaystyle\iiint_\Omega z^2 \mathrm{d}x\mathrm{d}y\mathrm{d}z = \int_0^{2\pi}\mathrm{d}\theta\int_0^\pi \mathrm{d}\varphi\int_0^1 \rho^2\sin\varphi\rho^2\cos^2\varphi\mathrm{d}\rho$

$$= \int_0^{2\pi}\mathrm{d}\theta\int_0^\pi \cos^2\varphi\mathrm{d}(-\cos\varphi)\int_0^1 \rho^4\mathrm{d}\rho$$

$$= 2\pi \cdot \left(-\frac{\cos^3\varphi}{3}\right)\bigg|_0^\pi \cdot \frac{1}{5}\mathrm{d}\varphi = \frac{4}{15}\pi.$$

解法 2 由轮换对称性可知 $\displaystyle\iiint_\Omega z^2\mathrm{d}x\mathrm{d}y\mathrm{d}z = \iiint_\Omega x^2\mathrm{d}x\mathrm{d}y\mathrm{d}z = \iiint_\Omega y^2\mathrm{d}x\mathrm{d}y\mathrm{d}z$

所以,$\displaystyle\iiint_\Omega z^2\mathrm{d}x\mathrm{d}y\mathrm{d}z = \frac{1}{3}\iiint_\Omega(x^2+y^2+z^2)\mathrm{d}x\mathrm{d}y\mathrm{d}z = \frac{1}{3}\int_0^\pi\mathrm{d}\varphi\int_0^{2\pi}\mathrm{d}\theta\int_0^1 r^4\sin\varphi\mathrm{d}r$

$$= \frac{2\pi}{3}\int_0^\pi \sin\varphi\mathrm{d}\varphi\int_0^1 r^4\mathrm{d}r = \frac{2\pi}{3} \cdot \frac{1}{5} \cdot \int_0^\pi\sin\varphi\mathrm{d}\varphi = \frac{4\pi}{15}.$$

9. 0.

解 令 $L_1: \begin{cases} x=t, \\ y=1+t, \end{cases} -1 \leqslant t \leqslant 0, L_2: \begin{cases} x=t, \\ y=1-t, \end{cases} 0 \leqslant t \leqslant 1$,则

$$\int_L xy\mathrm{d}x + x^2\mathrm{d}y = \int_{L_1} xy\mathrm{d}x + x^2\mathrm{d}y + \int_{L_2} xy\mathrm{d}x + x^2\mathrm{d}y$$

$$= \int_{-1}^0 [t(1+t)+t^2]\mathrm{d}t + \int_0^1 [t(1-t)-t^2]\mathrm{d}t$$

$$= \left(\frac{2}{3}t^3 + \frac{t^2}{2}\right)\bigg|_{-1}^0 + \left(\frac{t^2}{2} - \frac{2}{3}t^3\right)\bigg|_0^1 = 0.$$

能力提升题答案及参考解答   147

10. $\dfrac{2}{3}$.

解 $\bar{z} = \dfrac{\iiint\limits_{\Omega} z\,dx\,dy\,dz}{\iiint\limits_{\Omega} dx\,dy\,dz} = \dfrac{\int_0^{2\pi}d\theta\int_0^1 r\,dr\int_{r^2}^1 z\,dz}{\int_0^{2\pi}d\theta\int_0^1 r\,dr\int_{r^2}^1 dz} = \dfrac{\dfrac{\pi}{3}}{\dfrac{\pi}{2}} = \dfrac{2}{3}$.

11. 4.

解 $\dfrac{\partial F}{\partial x} = \dfrac{y\sin xy}{1+x^2y^2}$, $\dfrac{\partial^2 F}{\partial x^2} = y\dfrac{y(1+x^2y^2)\cos xy - 2xy^2\sin xy}{(1+x^2y^2)^2}$, 故 $\dfrac{\partial^2 F}{\partial x^2}\Big|_{x=0,y=2} = 4$.

12. π.

解 曲线的参数方程为 $\begin{cases} x = \cos t, \\ y = \sin t, \\ z = \cos t + \sin t, \end{cases}$ 其中 t 从 0 到 2π, 因此

$\oint_L xz\,dx + x\,dy + \dfrac{y^2}{2}dz = \int_0^{2\pi}\left[\cos t(\cos t + \sin t)(-\sin t) + \cos^2 t + \dfrac{\sin^2 t}{2}(\cos t - \sin t)\right]dt$

$\qquad = \int_0^{2\pi}\left[-\sin x\cos^2 t - \dfrac{\sin^2 t}{2}\cos t + \cos^2 t - \dfrac{\sin^3 t}{2}\right]dt = \pi$.

13. $(1,1,1)$.

解 令 $F(x,y,z) = xy + \dfrac{z}{y}$, 则 $F_x = y$, $F_y = x - \dfrac{z}{y^2}$, $F_z = \dfrac{1}{y}$, 可得

$\text{grad}\left(xy + \dfrac{z}{y}\right)\Big|_{(2,1,1)} = (F_x, F_y, F_z)\Big|_{(2,1,1)} = \left(y, x - \dfrac{z}{y^2}, \dfrac{1}{y}\right)\Big|_{(2,1,1)} = (1,1,1)$.

14. $\dfrac{\sqrt{3}}{12}$.

解 由曲面可得 $\cos\gamma = \dfrac{1}{\sqrt{3}}$, 向 xOy 面投影, 可得 $D_{xy} = \{(x,y) \mid x+y \leqslant 1, x \geqslant 0, y \geqslant 0\}$, 则

$\iint\limits_{\Sigma} y^2\,dS = \iint\limits_{D_{xy}} y^2 \dfrac{dx\,dy}{\cos\gamma} = \sqrt{3}\iint\limits_{D_{xy}} y^2\,dx\,dy$

$\qquad = \sqrt{3}\int_0^1 dy\int_0^{1-y} y^2\,dx = \sqrt{3}\int_0^1 y^2(1-y)\,dy = \dfrac{\sqrt{3}}{12}$.

15. $2x - y - z - 1 = 0$.

解 曲面 $z = x^2(1-\sin y) + y^2(1-\sin x)$ 在点 $(1,0,1)$ 处的法向量为 $(z_x, z_y, -1)\Big|_{(1,0,1)} = (2,-1,-1)$, 所以切平面方程为

$2(x-1) + (-1)(y-0) + (-1)(z-1) = 0$, 即 $2x - y - z - 1 = 0$.

16. π.

解 令 $\begin{cases} x = \cos t, \\ y = \sin t, \\ z = -\sin t, \end{cases}$ $t \in [0, 2\pi]$, 那么

$$\oint_L z\mathrm{d}x + y\mathrm{d}z = \int_0^{2\pi}[-\sin t(-\sin t)+\sin t(-\cos t)]\mathrm{d}t$$
$$=\int_0^{2\pi}\frac{1-\cos 2t}{2}\mathrm{d}t-\int_0^{2\pi}\frac{1}{2}\sin 2t\,\mathrm{d}t=\pi.$$

二、1. D.

解 当函数 $f_1(x)=-\sqrt{x}, f_2(x)=\dfrac{1}{x}, f_3(x)=x^2$ 都在 $(0,+\infty)$ 内有大于零的二阶导数,

对 $f_1(x)$ 有 $u_1=-1>-\sqrt{2}=u_2$,但 $\{u_n\}=\{-\sqrt{n}\}$ 发散,排除选项 A.

对 $f_2(x)$ 有 $u_1=1>\dfrac{1}{2}=u_2$,但 $\{u_n\}=\left\{\dfrac{1}{n}\right\}$ 收敛,排除选项 B.

对 $f_3(x)$ 有 $u_1=1<4=u_2$,但 $\{u_n\}=\{n^2\}$ 发散,排除选项 C. 故选 D.

2. B.

解 设 M,N 点的坐标分别为 $M(x_1,y_1),N(x_2,y_2),x_1<x_2,y_1>y_2$. 先将曲线方程代入积分表达式,再计算.

由于 Γ 位于 L 上,所以在 Γ 上积分时, $f(x,y)=1$. 由此得 $\int_\Gamma f(x,y)\mathrm{d}s=\int_\Gamma \mathrm{d}s=s>0$;

$\int_\Gamma f(x,y)\mathrm{d}y=\int_\Gamma \mathrm{d}y=y_2-y_1<0$; $\int_\Gamma f(x,y)\mathrm{d}x=\int_\Gamma \mathrm{d}x=x_2-x_1>0$;

$\int_\Gamma f'_x(x,y)\mathrm{d}x+f'_y(x,y)\mathrm{d}y=\int_\Gamma \mathrm{d}f(x,y)=f(x_2,y_2)-f(x_1,y_1)=1-1=0.$

故正确选项为 B.

3. A.

解 因为 $\dfrac{\partial f}{\partial x}=\dfrac{\dfrac{1}{y}}{1+\dfrac{x^2}{y^2}}=\dfrac{y}{x^2+y^2}, \dfrac{\partial f}{\partial y}=\dfrac{-\dfrac{x}{y^2}}{1+\dfrac{x^2}{y^2}}=\dfrac{-x}{x^2+y^2}.$

所以 $\left.\dfrac{\partial f}{\partial x}\right|_{(0,1)}=1, \left.\dfrac{\partial f}{\partial y}\right|_{(0,1)}=0$,于是 $\mathrm{grad}f(x,y)|_{(0,1)}=\boldsymbol{i}.$ 故应选 A.

4. A.

解 本题利用二重积分区域的对称性及被积函数的奇偶性.

D_2,D_4 两区域关于 x 轴对称,而 $f(x,-y)=-y\cos x=-f(x,y)$,即被积函数是关于 y 的奇函数,所以 $I_2=I_4=0$;

D_1,D_3 两区域关于 y 轴对称,而 $f(-x,y)=y\cos(-x)=y\cos x=f(x,y)$,即被积函数是关于 x 的偶函数,所以

$$I_1=2\iint\limits_{\{(x,y)|y\geqslant x,0\leqslant x\leqslant 1\}}y\cos x\,\mathrm{d}x\mathrm{d}y>0; I_3=2\iint\limits_{\{(x,y)|y\leqslant -x,0\leqslant x\leqslant 1\}}y\cos x\,\mathrm{d}x\mathrm{d}y<0.$$

所以正确答案为 A.

5. C.

解 解法 1 举反例 A 取 $a_n=b_n=(-1)^n\dfrac{1}{\sqrt{n}}$; B 取 $a_n=b_n=\dfrac{1}{n}$; D 取 $a_n=b_n=\dfrac{1}{n}$,

故答案为 C.

解法 2 因为 $\lim\limits_{n\to\infty}a_n=0$,则由定义可知 $\exists N_1$,使得 $n>N_1$ 时,有 $|a_n|<1$.

又因为 $\sum\limits_{n=1}^{\infty}|b_n|$ 收敛,可得 $\lim\limits_{n\to\infty}|b_n|=0$,则由定义可知 $\exists N_2$,使得 $n>N_2$ 时,有 $|b_n|<1$,从而,当 $n>N_1+N_2$ 时,有 $a_n^2 b_n^2<|b_n|$,则由正项级数的比较判别法可知 $\sum\limits_{n=1}^{\infty}a_n^2 b_n^2$ 收敛.

6. B.

解 等式两边求全微分得:$F_1'\cdot\mathrm{d}\left(\dfrac{y}{x}\right)+F_2'\cdot\mathrm{d}\left(\dfrac{z}{x}\right)=0$,即

$$F_1'\dfrac{x\mathrm{d}y-y\mathrm{d}x}{x^2}+F_2'\dfrac{x\mathrm{d}z-z\mathrm{d}x}{x^2}=0\Rightarrow F_1'\cdot(x\mathrm{d}y-y\mathrm{d}x)+F_2'\cdot(x\mathrm{d}z-z\mathrm{d}x)=0,$$

所以 $\mathrm{d}z=\dfrac{yF_1'+zF_2'}{xF_2'}\mathrm{d}x-\dfrac{F_1'}{F_2'}\mathrm{d}y$,从而有

$$x\dfrac{\partial z}{\partial x}+y\dfrac{\partial z}{\partial y}=\dfrac{yF_1'+zF_2'}{xF_2'}x-\dfrac{F_1'}{F_2'}y=\dfrac{zF_2'}{F_2'}=z.$$

7. D.

解 $\lim\limits_{n\to\infty}\sum\limits_{i=1}^{n}\sum\limits_{j=1}^{n}\dfrac{n}{(n+i)(n^2+j^2)}=\lim\limits_{n\to\infty}\sum\limits_{i=1}^{n}\dfrac{1}{\left(1+\dfrac{i}{n}\right)}\dfrac{1}{n}\sum\limits_{j=1}^{n}\dfrac{1}{\left(1+\left(\dfrac{j}{n}\right)^2\right)}\dfrac{1}{n}$

$$=\int_0^1\mathrm{d}x\int_0^1\dfrac{1}{(1+x)(1+y^2)}\mathrm{d}y.$$

8. C.

解 $S_n=\sum\limits_{i=1}^{n}a_i(n=1,2,3,\cdots)$ 无界,说明幂级数 $\sum\limits_{n=1}^{\infty}a_n(x-1)^n$ 的收敛半径 $R\leqslant 1$,数列 $\{a_n\}$ 单调减少,且 $\lim\limits_{x\to\infty}a_n=0$,说明级数 $\sum\limits_{n=1}^{\infty}a_n(-1)^n$ 收敛,可知幂级数 $\sum\limits_{n=1}^{\infty}a_n(x-1)^n$ 的收敛半径 $R\geqslant 1$,因此,幂级数 $\sum\limits_{n=1}^{\infty}a_n(x-1)^n$ 的收敛半径 $R=1$,收敛区间是 $(0,2)$. 又由于 $x=0$ 时幂级数收敛,$x=2$ 时幂级数发散,可知收敛域为 $[0,2)$.

9. A.

解 由 $z=f(x)\ln f(y)$ 知,$z_x'=f'(x)\ln f(y),z_y'=\dfrac{f(x)}{f(y)}f'(y),z_{xy}''=\dfrac{f'(x)}{f(y)}f'(y),$

$$z_{xx}''=f''(x)\ln f(y),z_{yy}''=\dfrac{f''(y)f(x)-[f'(y)]^2}{f^2(y)}f(x),$$

所以 $z_{xy}''|_{x=0,y=0}=\dfrac{f'(0)}{f(0)}f'(0)=0,z_{xx}''|_{x=0,y=0}=f''(0)\ln f(0),z_{yy}''|_{x=0,y=0}=\dfrac{f''(0)f(0)-[f'(0)]^2}{f^2(0)}f(0)=f''(0)$,要使得函数 $z=f(x)\ln f(y)$ 在点 $(0,0)$ 处取得极小值,仅需 $f''(0)\ln f(0)>0,f''(0)\ln f(0)\cdot f''(0)>0$,所以有 $f''(0)>0,f(0)>1$.

10. B.

解 因为 $f(x,y)$ 在 $(0,0)$ 处连续：

① 对 A：令 $\lim\limits_{(x,y)\to(0,0)} \dfrac{f(x,y)}{|x|+|y|} = M_1$，可得 $f(0,0)=0$，$\Delta z = f(\Delta x, \Delta y)$，则

$$f'_x(0,0) = \lim_{\Delta x \to 0} \frac{f(\Delta x, 0) - f(0,0)}{\Delta x} = \lim_{\Delta x \to 0} \frac{f(\Delta x, 0)}{|\Delta x| + 0} \cdot \lim_{\Delta x \to 0} \frac{|\Delta x|}{\Delta x} = \pm M_1 \text{ 不存在},$$

同理得 $f'_y(0,0)$ 也不存在，故 A 错；

② 对 B：令 $\lim\limits_{(x,y)\to(0,0)} \dfrac{f(x,y)}{x^2+y^2} = M_2$，可得 $f(0,0)=0$，$\Delta z = f(\Delta x, \Delta y)$，

$$f'_x(0,0) = \lim_{\Delta x \to 0} \frac{f(\Delta x, 0) - f(0,0)}{\Delta x} = \lim_{\Delta x \to 0} \frac{f(\Delta x, 0)}{(\Delta x)^2 + 0} \cdot \lim_{\Delta x \to 0} \frac{(\Delta x)^2}{\Delta x} = 0 = A.$$

同理 $f'_y(0,0) = 0 = B$，则

$$\lim_{\rho \to 0} \frac{\Delta z - A\Delta x - B\Delta y}{\rho} = \lim_{\rho \to 0} \frac{f(\Delta x, \Delta y)}{\rho}$$

$$= \lim_{\rho \to 0} \frac{f(\Delta x, \Delta y)}{(\Delta x)^2 + (\Delta y)^2} \cdot \lim_{\rho \to 0} \frac{(\Delta x)^2 + (\Delta y)^2}{\sqrt{(\Delta x)^2 + (\Delta y)^2}}$$

$$= M_2 \cdot 0 = 0,$$

由微分定义可得 $f(x,y)$ 在 $(0,0)$ 处可微，故答案为 B；

③ 对 C 和 D：$f(x,y)$ 在 $(0,0)$ 处可微，可知 $f(x,y)$ 在 $(0,0)$ 处偏导，即

$$\Delta z = f(x,y) - f(0,0) = Ax + By,$$

则 $\lim\limits_{(x,y)\to(0,0)} \dfrac{f(x,y)}{|x|+|y|} = \lim\limits_{(x,y)\to(0,0)} \dfrac{f(x,y) - f(0,0)}{|x|+|y|} \cdot \lim\limits_{(x,y)\to(0,0)} \dfrac{f(0,0)}{|x|+|y|}$

$$= \lim_{(x,y)\to(0,0)} \frac{Ax + By}{|x|+|y|} \cdot \lim_{(x,y)\to(0,0)} \frac{f(0,0)}{|x|+|y|},$$

显然极限不存在，同理

$$\lim_{(x,y)\to(0,0)} \frac{f(x,y)}{x^2+y^2} = \lim_{(x,y)\to(0,0)} \frac{f(x,y) - f(0,0)}{x^2+y^2} \cdot \lim_{(x,y)\to(0,0)} \frac{f(0,0)}{x^2+y^2}$$

$$= \lim_{(x,y)\to(0,0)} \frac{Ax + By}{x^2+y^2} \cdot \lim_{(x,y)\to(0,0)} \frac{f(0,0)}{x^2+y^2}.$$

显然极限不存在，故 C 和 D 选项错误.

11. A.

解 法向量 $\mathbf{n} = (F_x, F_y, F_z) = (2x - y\sin(xy) + 1, -x\sin(xy) + z, y)$，$\mathbf{n}|_{(0,1,-1)} = (1,-1,1)$，故切平面的方程为 $1(x-0) - 1(y-1) + 1(z+1) = 0$，即 $x - y + z = -2$.

12. C.

解 根据题意，将函数在 $[-1,1]$ 展开成傅里叶级数（只含有正弦，不含余弦），因此将函数进行奇延拓：

$$f(x) = \begin{cases} \left|x - \dfrac{1}{2}\right|, & x \in (0,1) \\ -\left|x + \dfrac{1}{2}\right|, & x \in (-1,0) \end{cases}$$

，它的傅里叶级数为 $s(x)$，它是以 2 为周期的，则当

$x \in (-1, 1)$ 且 $f(x)$ 在 x 处连续时,$s(x) = f(x)$. $s\left(-\dfrac{9}{4}\right) = s\left(-\dfrac{1}{4}\right) = -s\left(\dfrac{1}{4}\right) = -f\left(\dfrac{1}{4}\right) = -\dfrac{1}{4}$.

13. D.

解 由格林公式,$I_i = \iint\limits_{D_i} \left(1 - x^2 - \dfrac{y^2}{2}\right) \mathrm{d}x\mathrm{d}y$.

$D_1 \subset D_4$,在 D_4 内 $1 - x^2 - \dfrac{y^2}{2} > 0$,因此 $I_1 < I_4$.

$I_2 = \iint\limits_{D_2}\left(1 - x^2 - \dfrac{y^2}{2}\right)\mathrm{d}x\mathrm{d}y = \iint\limits_{D_4}\left(1 - x^2 - \dfrac{y^2}{2}\right)\mathrm{d}x\mathrm{d}y + \iint\limits_{D_2 \setminus D_4}\left(1 - x^2 - \dfrac{y^2}{2}\right)\mathrm{d}x\mathrm{d}y$,

在 D_4 外 $1 - x^2 - \dfrac{y^2}{2} < 0$,所以 $I_2 < I_4$.

$I_3 = \iint\limits_{D_3}\left(1 - x^2 - \dfrac{y^2}{2}\right)\mathrm{d}x\mathrm{d}y \xlongequal[y = r\sin\theta]{x = \sqrt{2}r\cos\theta} \iint\limits_{\substack{r \in [0,1] \\ \theta \in [0, 2\pi]}} \left(1 - 2r^2\cos^2\theta - \dfrac{1}{2}r^2\sin^2\theta\right)\sqrt{2}\, r\,\mathrm{d}r\,\mathrm{d}\theta$

$= \sqrt{2}\pi - 2\sqrt{2}\int_0^{2\pi}\cos^2\theta\,\mathrm{d}\theta\int_0^1 r^3\,\mathrm{d}r - \dfrac{\sqrt{2}}{2}\int_0^{2\pi}\sin^2\theta\,\mathrm{d}\theta\int_0^1 r^3\,\mathrm{d}r$

$= \sqrt{2}\pi - 2\sqrt{2}\cdot 4\int_0^{\pi/2}\cos^2\theta\,\mathrm{d}\theta\cdot\dfrac{1}{4} - \dfrac{\sqrt{2}}{2}\cdot 4\int_0^{\pi/2}\sin^2\theta\,\mathrm{d}\theta\cdot\dfrac{1}{4}$

$= \sqrt{2}\pi - 2\sqrt{2}\cdot 4\cdot\dfrac{1!!}{2!!}\cdot\dfrac{\pi}{2}\cdot\dfrac{1}{4} - \dfrac{\sqrt{2}}{2}\cdot 4\cdot\dfrac{1!!}{2!!}\cdot\dfrac{\pi}{2}\cdot\dfrac{1}{4}$

$= \sqrt{2}\pi - \dfrac{\sqrt{2}\pi}{2} - \dfrac{\sqrt{2}\pi}{8} = \dfrac{3\sqrt{2}\pi}{8}$,

$I_4 = \iint\limits_{D_3}\left(1 - x^2 - \dfrac{y^2}{2}\right)\mathrm{d}x\mathrm{d}y \xlongequal[y = \sqrt{2}r\sin\theta]{x = r\cos\theta} \iint\limits_{\substack{r \in [0,1] \\ \theta \in [0,2\pi]}}(1 - r^2\cos^2\theta - r^2\sin^2\theta)\sqrt{2}\,r\,\mathrm{d}r\,\mathrm{d}\theta$

$= \sqrt{2}\pi + \sqrt{2}\int_0^{2\pi}\mathrm{d}\theta\int_0^1(r - r^3)\mathrm{d}r = \dfrac{\sqrt{2}\pi}{2}$,

所以 $I_3 < I_4$.

14. D.

解 积分区域为:$0 \leqslant y \leqslant 1, -\sqrt{1-y^2} \leqslant x \leqslant 1 - y$.

如果换成直角坐标则应该是

$$\int_{-1}^{0}\mathrm{d}x\int_0^{\sqrt{1-x^2}}f(x,y)\mathrm{d}y + \int_0^1\mathrm{d}x\int_0^{1-x}f(x,y)\mathrm{d}y,$$

A,B 两个选择项都不正确.

积分区域用极坐标表示为 $D_1: \dfrac{\pi}{2} \leqslant \theta \leqslant \pi, 0 \leqslant r \leqslant 1$,

$$D_2: 0 \leqslant \theta \leqslant \dfrac{\pi}{2}, \quad 0 \leqslant r \leqslant \dfrac{1}{\cos\theta + \sin\theta}.$$

如果换成极坐标则为
$$\int_0^{\frac{\pi}{2}} d\theta \int_0^{\frac{1}{\cos\theta+\sin\theta}} f(r\cos\theta, r\sin\theta) r\, dr + \int_{\frac{\pi}{2}}^{\pi} d\theta \int_0^1 f(r\cos\theta, r\sin\theta) r\, dr.$$
应该选 D.

三、1. **解** 因为 $\dfrac{\partial f}{\partial x} = 2x - 2xy^2$, $\dfrac{\partial f}{\partial y} = 4y - 2x^2 y$, 得方程组

$\begin{cases} \dfrac{\partial f}{\partial x} = 0, \\ \dfrac{\partial f}{\partial y} = 0, \end{cases}$ 即 $\begin{cases} 2x - 2xy^2 = 0, \\ 4y - 2x^2 y = 0, \end{cases}$ 解此方程组得 $f(x,y)$ 在 D 内可能的极值点为 $(\pm\sqrt{2}, 1)$.

其对应函数值为 $f(\sqrt{2}, 1) = f(-\sqrt{2}, 1) = 2$.

又当 $y = 0$ 时, $f(x,y) = x^2$ 在 $-2 \leqslant x \leqslant 2$ 上的最大值为 4, 最小值为 0.

当 $x^2 + y^2 = 4, y > 0, -2 < x < 2$, 构造拉格朗日函数
$$F(x, y, \lambda) = x^2 + 2y^2 - x^2 y^2 + \lambda(x^2 + y^2 - 4),$$

解方程组 $\begin{cases} F'_x = 2x - 2xy^2 + 2\lambda x = 0, \\ F'_y = 4y - 2x^2 y + 2\lambda y = 0, \\ F'_\lambda = x^2 + y^2 - 4 = 0, \end{cases}$ 得可能极值点: $(0, 2), \left(\pm\sqrt{\dfrac{5}{2}}, \sqrt{\dfrac{3}{2}}\right)$, 其对应函数

值为 $f(0, 2) = 8, f\left(\pm\sqrt{\dfrac{5}{2}}, \sqrt{\dfrac{3}{2}}\right) = \dfrac{7}{4}$.

比较函数值 $2, 0, 4, 8, \dfrac{7}{4}$ 知, $f(x, y)$ 在区域 D 上的最大值为 8, 最小值为 0.

2. **解** 补充曲面: $\Sigma_1: x^2 + \dfrac{y^2}{4} = 1, z = 0$, 取下侧. 则
$$I = \iint_{\Sigma + \Sigma_1} xz\, dy\, dz + 2zy\, dz\, dx + 3xy\, dx\, dy - \iint_{\Sigma_1} xz\, dy\, dz + 2zy\, dz\, dx + 3xy\, dx\, dy,$$

其中 $\iint_{\Sigma + \Sigma_1} xz\, dy\, dz + 2zy\, dz\, dx + 3xy\, dx\, dy$

$$= \iiint_\Omega (z + 2z)\, dx\, dy\, dz = 3\iiint_\Omega z\, dx\, dy$$

$$= 3\int_0^1 z\, dz \iint_{D_z} dx\, dy = 3\int_0^1 z \cdot (\pi\sqrt{1-z} \cdot 2\sqrt{1-z})\, dz = \dfrac{\pi}{2},$$

其中 Ω 为 Σ 与 Σ_1 所为成的空间区域, $D_z: x^2 + \dfrac{y^2}{4} \leqslant 1 - z$.

$$\iint_{\Sigma_1} xz\, dy\, dz + 2zy\, dz\, dx + 3xy\, dx\, dy = \iint_{\Sigma_1} 3xy\, dx\, dy = -\iint_{D_{xy}} 3xy\, dx\, dy,$$

其中 D_{xy} 为平面区域 $x^2 + \dfrac{y^2}{4} \leqslant 1$.

由于区域 D 关于 x 轴对称, 因此 $\iint_D 3xy\, dx\, dy = 0$. 所以 $I = \dfrac{\pi}{2} - 0 = \dfrac{\pi}{2}$.

3. **解** (1) 记 $y(x) = \sum_{n=0}^{\infty} a_n x^n$, 则 $y' = \sum_{n=1}^{\infty} n a_n x^{n-1}$, $y'' = \sum_{n=2}^{\infty} n(n-1) a_n x^{n-2}$.

将 $y(0)=0, y'(0)=1$ 代入 $y(x)=\sum\limits_{n=0}^{\infty}a_n x^n$,得 $a_0=0, a_1=1$. 于是 $y(x)=x+\sum\limits_{n=2}^{\infty}a_n x^n$. 将它代入微分方程 $y''-2xy'-4y=0$,有

$$\left(x+\sum_{n=2}^{\infty}a_n x^n\right)''-2x\left(x+\sum_{n=2}^{\infty}a_n x^n\right)'-4\left(x+\sum_{n=2}^{\infty}a_n x^n\right)=0,$$

$$\sum_{n=2}^{\infty}n(n-1)a_n x^{n-2}-2x\left(1+\sum_{n=2}^{\infty}na_n x^{n-1}\right)-4\left(x+\sum_{n=2}^{\infty}a_n x^n\right)=0,$$

$$2a_2+6(a_3-1)x+\sum_{n=2}^{\infty}(n+2)(n+1)a_{n+2}x^n-2\sum_{n=2}^{\infty}na_n x^n-4\sum_{n=2}^{\infty}a_n x^n=0,$$

即

$$2a_2+6(a_3-1)x+\sum_{n=2}^{\infty}[(n+2)(n+1)a_{n+2}-2na_n-4a_n]x^n=0,$$

故有 $2a_2=0, 6(a_3-1)=0,$

$$(n+2)(n+1)a_{n+2}-2na_n-4a_n=0,\quad n=2,3,\cdots.$$

解得 $a_2=0, a_3=1=\dfrac{2}{1+1}a_1, a_{n+2}=\dfrac{2}{n+1}a_n, n=2,3,\cdots,$ 由此证得

$$a_{n+2}=\dfrac{2}{n+1}a_n,\quad n=1,2,\cdots.$$

(2) 由(1)知, $a_0=0, a_1=1,$ 及 $a_{n+2}=\dfrac{2}{n+1}a_n(n=1,2,\cdots),$ 故有

$$a_2=0,\quad a_3=1,$$
$$a_4=\dfrac{2}{2+1}a_2=0,\quad a_5=\dfrac{2}{4}a_3=\dfrac{1}{2!},$$
$$a_6=\dfrac{2}{4+1}a_4=0,\quad a_7=\dfrac{2}{5+1}a_5=\dfrac{1}{3!},\cdots$$

故 $a_{2n}=0, a_{2n+1}=\dfrac{1}{n!}.$ 所以

$$y(x)=\sum_{n=0}^{\infty}a_n x^n=\sum_{n=0}^{\infty}a_{2n+1}x^{2n+1}=\sum_{n=0}^{\infty}\dfrac{1}{n!}x^{2n+1}=x\sum_{n=0}^{\infty}\dfrac{1}{n!}(x^2)^n=x\mathrm{e}^{x^2}.$$

4. 解 解法 1 按曲线积分的计算公式直接计算.

$$\int_L \sin 2x\,\mathrm{d}x+2(x^2-1)y\,\mathrm{d}y=\int_0^\pi[\sin 2x\,\mathrm{d}x+2(x^2-1)\sin x\cos x]\mathrm{d}x=\int_0^\pi x^2\sin 2x\,\mathrm{d}x$$

$$=-\dfrac{x^2\cos 2x}{2}\bigg|_0^\pi+\int_0^\pi x\cos 2x\,\mathrm{d}x=-\dfrac{\pi^2}{2}+\int_0^\pi x\cos 2x\,\mathrm{d}x$$

$$=-\dfrac{\pi^2}{2}+\dfrac{x\sin 2x}{2}\bigg|_0^\pi-\int_0^\pi \dfrac{\sin 2x}{2}\mathrm{d}x$$

$$=-\dfrac{\pi^2}{2}.$$

解法 2 添加辅助线,按照格林公式进行计算.

设 L_1 为 x 轴上从点 $(\pi,0)$ 到 $(0,0)$ 的直线段. D 是 L_1 与 L 围成的区域,则有

$$\int_{L+L_1} \sin 2x \, dx + 2(x^2-1)y \, dy$$

$$= -\iint_D \left[\frac{\partial(2(x^2-1)y)}{\partial x} - \frac{\partial \sin 2x}{\partial y}\right] dx \, dy = -\iint_D 4xy \, dx \, dy$$

$$= -\int_0^\pi \int_0^{\sin x} 4xy \, dy \, dx = -\int_0^\pi 2x \sin^2 x \, dx = -\int_0^\pi x(1-\cos 2x) \, dx$$

$$= -\frac{x^2}{2}\bigg|_0^\pi + \int_0^\pi x \cos 2x \, dx = -\frac{\pi^2}{2} + \frac{x \sin 2x}{2}\bigg|_0^\pi - \int_0^\pi \frac{\sin 2x}{2} dx$$

$$= -\frac{\pi^2}{2}.$$

因为 $\int_{L_1} \sin 2x \, dx + 2(x^2-1)y \, dy = \int_\pi^0 \sin 2x \, dx = 0$,故 $\int_L \sin 2x \, dx + 2(x^2-1)y \, dy = -\frac{\pi^2}{2}$.

解法 3 令 $I = \int_L \sin 2x \, dx + 2(x^2-1)y \, dy = \int_L \sin 2x \, dx - 2y \, dy + 2x^2 y \, dy = I_1 + I_2$.

对于 I_1,记 $P = \sin 2x$, $Q = -2y$. 因为 $\frac{\partial P}{\partial y} = \frac{\partial Q}{\partial x} = 0$,故 I_1 与积分路径无关.

$$I_1 = \int_0^\pi \sin 2x \, dx = 0.$$

对于 I_2,有

$$I_2 = \int_L 2x^2 y \, dy = \int_0^\pi 2x^2 \sin x \cos x \, dx = \int_0^\pi x^2 \sin 2x \, dx$$

$$= -\frac{x^2 \cos 2x}{2}\bigg|_0^\pi + \int_0^\pi x \cos 2x \, dx = -\frac{\pi^2}{2} + \int_0^\pi x \cos 2x \, dx$$

$$= -\frac{\pi^2}{2} + \frac{x \sin 2x}{2}\bigg|_0^\pi - \int_0^\pi \frac{\sin 2x}{2} dx = -\frac{\pi^2}{2}.$$

故 $\int_L \sin 2x \, dx + 2(x^2-1)y \, dy = -\frac{\pi^2}{2}$.

5. 解 解法 1 点 (x,y,z) 到 xOy 面的距离为 $|z|$,故求 C 上距离 xOy 面最远的点和最近的点的坐标等价于求函数 $H = z^2$ 在条件 $x^2 + y^2 - 2z^2 = 0$, $x+y+3z=5$ 下的最大值点和最小值点.

构造拉格朗日函数

$$L(x,y,z,\lambda,\mu) = z^2 + \lambda(x^2+y^2-2z^2) + \mu(x+y+3z-5),$$

由

$$\begin{cases} L'_x = 2\lambda x + \mu = 0, \\ L'_y = 2\lambda y + \mu = 0, \\ L'_z = 2z - 4\lambda z + 3\mu = 0, \\ x^2 + y^2 - 2z^2 = 0, \\ x + y + 3z = 5. \end{cases}$$

得 $x=y$，从而 $\begin{cases} 2x^2-2z^2=0, \\ 2x+3z=5. \end{cases}$ 解得 $\begin{cases} x=-5, \\ y=-5, \\ z=5. \end{cases}$ 或 $\begin{cases} x=1, \\ y=1, \\ z=1. \end{cases}$

根据几何意义，曲线 C 上存在距离 xOy 面最远的点和最近的点，故所求点依次为 $(-5,-5,5)$ 和 $(1,1,1)$.

解法 2 点 (x,y,z) 到 xOy 面的距离为 $|z|$，故求 C 上距离 xOy 面最远的点和最近的点的坐标等价于求函数 $H=x^2+y^2$ 在条件 $x^2+y^2-2\left(\dfrac{x+y-5}{3}\right)^2=0$ 下的最大值点和最小值点.

构造拉格朗日函数 $L(x,y,z,\lambda)=x^2+y^2+\lambda\left(x^2+y^2-\dfrac{2}{9}(x+y-5)^2\right)$，由

$$\begin{cases} L'_x=2x+\lambda\left(2x-\dfrac{4}{9}(x+y-5)\right)=0, \\ L'_y=2y+\lambda\left(2y-\dfrac{4}{9}(x+y-5)\right)=0, \\ x^2+y^2-2\left(\dfrac{x+y-5}{3}\right)^2=0. \end{cases}$$

得 $x=y$，从而 $2x^2-\dfrac{2}{9}(2x-5)^2=0$. 解得

$$\begin{cases} x=-5, \\ y=-5, \\ z=5. \end{cases} \text{或} \begin{cases} x=1, \\ y=1, \\ z=1. \end{cases}$$

根据几何意义，曲线 C 上存在距离 xOy 面最远的点和最近的点，故所求点依次为 $(-5,-5,5)$ 和 $(1,1,1)$.

解法 3 由 $x^2+y^2-2z^2=0$ 得

$$\begin{cases} x=\sqrt{2}z\cos\theta, \\ y=\sqrt{2}z\sin\theta. \end{cases}$$

代入 $x+y+3z=5$，得 $z=\dfrac{5}{3+\sqrt{2}(\cos\theta+\sin\theta)}$. 所以只要求 $z=z(\theta)$ 的最值.

令 $z'(\theta)=\dfrac{5\sqrt{2}(-\sin\theta+\cos\theta)}{(3+\sqrt{2}(\cos\theta+\sin\theta))^2}=0$，得 $\cos\theta=\sin\theta$，解得 $\theta=\dfrac{\pi}{4},\dfrac{5\pi}{4}$. 从而

$$\begin{cases} x=-5, \\ y=-5, \\ z=5. \end{cases} \text{或} \begin{cases} x=1, \\ y=1, \\ z=1. \end{cases}$$

根据几何意义，曲线 C 上存在距离 xOy 面最远的点和最近的点，故所求点依次为 $(-5,-5,5)$ 和 $(1,1,1)$.

6. **解** 将 $f(x)$ 作偶周期延拓，则有 $b_n=0,n=1,2,\cdots$.

$$a_0=\dfrac{2}{\pi}\int_0^\pi (1-x^2)\mathrm{d}x=2\left(1-\dfrac{\pi^2}{3}\right),$$

$$a_n = \frac{2}{\pi}\int_0^\pi f(x)\cos nx\,dx$$
$$= \frac{2}{\pi}\left[\int_0^\pi \cos nx\,dx - \int_0^\pi x^2\cos nx\,dx\right]$$
$$= \frac{2}{\pi}\left[0 - \int_0^\pi x^2\cos nx\,dx\right] = \frac{-2}{\pi}\left[\frac{x^2\sin nx}{n}\Big|_0^\pi - \int_0^\pi \frac{2x\sin nx}{n}dx\right]$$
$$= \frac{2}{\pi}\cdot\frac{2\pi(-1)^{n-1}}{n^2} = \frac{4(-1)^{n-1}}{n^2}.$$

所以 $f(x) = 1 - x^2 = \dfrac{a_0}{2} + \sum\limits_{n=1}^{\infty} a_n\cos nx = 1 - \dfrac{\pi^2}{3} + 4\sum\limits_{n=1}^{\infty}\dfrac{(-1)^{n-1}}{n^2}\cos nx$, $0 \leqslant x \leqslant \pi$.

令 $x = 0$, 有 $f(0) = 1 - \dfrac{\pi^2}{3} + 4\sum\limits_{n=1}^{\infty}\dfrac{(-1)^{n-1}}{n^2}$, 又 $f(0) = 1$, 所以 $\sum\limits_{n=1}^{\infty}\dfrac{(-1)^{n-1}}{n^2} = \dfrac{\pi^2}{12}$.

7. **解** $f'_x(x,y) = 2x(2+y^2) = 0$, $f'_y(x,y) = 2x^2y + \ln y + 1 = 0$, 故 $x = 0, y = \dfrac{1}{e}$.

$f''_{xx} = 2(2+y^2)$, $f''_{yy} = 2x^2 + \dfrac{1}{y}$, $f''_{xy} = 4xy$, 则

$$f''_{xx}\Big|_{(0,\frac{1}{e})} = 2\left(2 + \frac{1}{e^2}\right), \quad f''_{xy}\Big|_{(0,\frac{1}{e})} = 0, \quad f''_{yy}\Big|_{(0,\frac{1}{e})} = e,$$

因为 $f''_{xx} > 0$ 而 $(f''_{xy})^2 - f''_{xx}f''_{yy} < 0$, 所以二元函数存在极小值 $f\left(0, \dfrac{1}{e}\right) = -\dfrac{1}{e}$.

8. **解** $I = \oiint\limits_{\Sigma} \dfrac{x\,dy\,dz + y\,dx\,dz + z\,dx\,dy}{(x^2+y^2+z^2)^{3/2}}$, 其中 $2x^2 + 2y^2 + z^2 = 4$. 因为

$$\frac{\partial}{\partial x}\left(\frac{x}{(x^2+y^2+z^2)^{3/2}}\right) = \frac{y^2+z^2-2x^2}{(x^2+y^2+z^2)^{5/2}}, \quad ①$$

$$\frac{\partial}{\partial y}\left(\frac{y}{(x^2+y^2+z^2)^{3/2}}\right) = \frac{x^2+z^2-2y^2}{(x^2+y^2+z^2)^{5/2}}, \quad ②$$

$$\frac{\partial}{\partial z}\left(\frac{z}{(x^2+y^2+z^2)^{3/2}}\right) = \frac{x^2+y^2-2z^2}{(x^2+y^2+z^2)^{5/2}}, \quad ③$$

①+②+③ 得 $\dfrac{\partial}{\partial x}\left(\dfrac{x}{(x^2+y^2+z^2)^{3/2}}\right) + \dfrac{\partial}{\partial y}\left(\dfrac{y}{(x^2+y^2+z^2)^{3/2}}\right) + \dfrac{\partial}{\partial z}\left(\dfrac{z}{(x^2+y^2+z^2)^{3/2}}\right) = 0$.

由于被积函数及其偏导数在点 $(0,0,0)$ 处不连续, 作封闭曲面(外侧)

$$\Sigma_1: x^2 + y^2 + z^2 = R^2, \quad 0 < R < \frac{1}{16}.$$

有

$$I = \oiint\limits_{\Sigma_1}\frac{x\,dy\,dz + y\,dx\,dz + z\,dx\,dy}{(x^2+y^2+z^2)^{3/2}} = \oiint\limits_{\Sigma_1}\frac{x\,dy\,dz + y\,dx\,dz + z\,dx\,dy}{R^3}$$
$$= \frac{1}{R^3}\iiint\limits_{\Omega}3\,dV = \frac{3}{R^3}\cdot\frac{4\pi R^3}{3} = 4\pi.$$

9. **解** 因为 $\lim\limits_{n\to\infty}\left|\dfrac{u_{n+1}}{u_n}\right| = \lim\limits_{n\to\infty}\left|\dfrac{x^{2n+2}(2n-1)}{x^{2n}(2n+1)}\right| = x^2$, 所以当 $x^2 < 1$, 即 $-1 < x < 1$ 时,

原幂级数绝对收敛;当 $x=\pm 1$ 时,级数为 $\sum_{n=1}^{\infty}\dfrac{(-1)^{n-1}}{2n-1}$,显然收敛,故原幂级数的收敛域为 $[-1,1]$.

因为 $\sum_{n=1}^{\infty}\dfrac{(-1)^{n-1}}{2n-1}x^{2n}=x\sum_{n=1}^{\infty}\dfrac{(-1)^{n-1}}{2n-1}x^{2n-1}$,设 $f(x)=\sum_{n=1}^{\infty}\dfrac{(-1)^{n-1}}{2n-1}x^{2n-1}$,$x\in(-1,1)$,

则 $f'(x)=\sum_{n=1}^{\infty}(-1)^{n-1}x^{2(n-1)}=\dfrac{1}{1+x^2}$,因为 $f(0)=0$,所以

$$f(x)=\int_0^x f'(t)\mathrm{d}t+f(0)=\arctan x,$$

因此 $s(x)=x\arctan x, x\in[-1,1]$,收敛域 $[-1,1]$,和函数 $s(x)=x\arctan x$.

10. **解** (1) 切平面法向量 $F_x=2x,F_y=2y-z,F_z=2z-y$,因与 xOy 面垂直,所以

$$2x\cdot 0+(2y-z)\cdot 0+(2z-y)\cdot 1=0\Rightarrow z=\dfrac{y}{2},$$

所以轨迹为 $\begin{cases} x^2+y^2+z^2-yz=1, \\ y=2z. \end{cases}$

(2) $\mathrm{d}s=\sqrt{1+z_x^2+z_y^2}\,\mathrm{d}x\mathrm{d}y=\dfrac{\sqrt{4x^2+5y^2+5z^2-8yz}}{|2z-y|}\mathrm{d}x\mathrm{d}y$,

$$I=\iint_{D_{xy}}(x+\sqrt{3})\mathrm{d}x\mathrm{d}y$$

$$=\iint_{D_{xy}}x\,\mathrm{d}x\mathrm{d}y+\iint_{D_{xy}}\sqrt{3}\,\mathrm{d}x\mathrm{d}y=0+\sqrt{3}\cdot\pi\cdot 1\cdot\dfrac{2}{\sqrt{3}}=2\pi,$$

其中 $D_{xy}=\left\{(x,y)\,\Big|\,x^2+\dfrac{3}{4}y^2\leqslant 1\right\}$.

11. **解** 由 $g(x)$ 可导且在 $x=1$ 处取极值 $g(1)=1$,所以 $g'(1)=0$.

$\dfrac{\partial z}{\partial x}=f_1'[xy,yg(x)]y+f_2'[xy,yg(x)]yg'(x),$

$\dfrac{\partial^2 z}{\partial x\partial y}=f_1'[xy,yg(x)]+y[xf_{11}''(xy,yg(x))+g(x)f_{12}''(xy,yg(x))]+$

$\qquad f_2'[xy,yg(x)]g'(x)+yg'(x)[xf_{21}''(xy,yg(x))+g(x)f_{22}''(xy,yg(x))],$

$\dfrac{\partial^2 z}{\partial x\partial y}\bigg|_{x=1,y=1}=f_1'(1,1)+f_{11}''(1,1)+f_{12}''(1,1).$

12. **解** 记 $I=\iint_D xyf_{xy}''(x,y)\mathrm{d}x\mathrm{d}y=\int_0^1 x\mathrm{d}x\int_0^1 yf_{xy}''(x,y)\mathrm{d}y$,其中 $yf_{xy}''(x,y)$ 中的 x 在积分计算中可以作为常数来对待,所以

$\int_0^1 yf_{xy}''(x,y)\mathrm{d}y=\int_0^1 y\mathrm{d}f_x'(x,y)=yf_x'(x,y)\Big|_0^1-\int_0^1 f_x'(x,y)\mathrm{d}y=f_x'(x,1)-\int_0^1 f_x'(x,y)\mathrm{d}y,$

于是

$$I=\int_0^1 x\mathrm{d}x\int_0^1 yf_{xy}''(x,y)\mathrm{d}y=\int_0^1 xf_x'(x,1)\mathrm{d}x-\int_0^1 x\mathrm{d}x\int_0^1 f_x'(x,y)\mathrm{d}y$$

$$=xf(x,1)\Big|_0^1-\int_0^1 f(x,1)\mathrm{d}x-\int_0^1 x\mathrm{d}x\int_0^1 f_x'(x,y)\mathrm{d}y$$

$$= -\int_0^1 dy \int_0^1 x f'_x(x,y) dx = -\left[\int_0^1 \left\{ xf(x,y) \Big|_0^1 \right\} dy - \int_0^1 dy \int_0^1 f(x,y) dx\right]$$

$$= \int_0^1 dy \int_0^1 f(x,y) dx = \iint_D f(x,y) dx dy = a.$$

13. 解 由 $\begin{cases} \dfrac{\partial f(x,y)}{\partial x} = e^{-\frac{x^2+y^2}{2}} + x e^{-\frac{x^2+y^2}{2}}(-x) = e^{-\frac{x^2+y^2}{2}}(1-x^2) = 0, \\ \dfrac{\partial f(x,y)}{\partial y} = x e^{-\frac{x^2+y^2}{2}}(-y) = 0, \end{cases}$

得驻点 $P_1(-1,0), P_2(1,0)$. 而

$$\begin{cases} \dfrac{\partial^2 f(x,y)}{\partial x^2} = -2x e^{-\frac{x^2+y^2}{2}} + e^{-\frac{x^2+y^2}{2}}(1-x^2)(-x), \\ \dfrac{\partial^2 f(x,y)}{\partial x \partial y} = e^{-\frac{x^2+y^2}{2}}(1-x^2)(-y), \\ \dfrac{\partial^2 f(x,y)}{\partial y^2} = x e^{-\frac{x^2+y^2}{2}}(y^2-1), \end{cases}$$

根据判断极值的第二充分条件,把 $P_1(-1,0)$ 代入得,二阶偏导数 $B=0, A>0, C>0$,所以 $P_1(-1,0)$ 为极小值点,极小值为

$$f(-1,0) = -e^{-\frac{1}{2}}.$$

把 $P_2(1,0)$ 代入得,二阶偏导数 $B=0, A<0, C<0$,所以 $P_2(1,0)$ 为极大值点,极大值为

$$f(1,0) = e^{-\frac{1}{2}}.$$

14. 解 （Ⅰ）收敛域

$$R = \lim_{n\to\infty} \left| \frac{a_n(x)}{a_{n-1}(x)} \right| = \lim_{n\to\infty} \left| \frac{\dfrac{4n^2+4n+3}{2n+1} \cdot x^{2(n+1)+1}}{\dfrac{4(n+1)^2+4(n+1)+3}{2(n+1)+1} \cdot x^{2n+1}} \right|$$

$$= \lim_{n\to\infty} \left| \frac{4n^2+4n+3}{2n+1} \cdot \frac{2(n+1)+1}{4(n+1)^2+4(n+1)+3} \cdot x^2 \right| = x^2,$$

令 $x^2<1$,得 $-1<x<1$. 当 $x=\pm 1$ 时,级数显然发散. 所以收敛域为 $(-1,1)$.

（Ⅱ）设 $S(x) = \sum_{n=0}^{\infty} \dfrac{4n^2+4n+3}{2n+1} x^{2n} = \sum_{n=0}^{\infty} \dfrac{(2n+1)^2+2}{2n+1} x^{2n}$

$$= \sum_{n=0}^{\infty} \left[(2n+1)x^{2n} + \frac{2}{2n+1} x^{2n} \right] \ (|x|<1).$$

令 $S_1(x) = \sum_{n=0}^{\infty} (2n+1)x^{2n}, S_2(x) = \sum_{n=0}^{\infty} \dfrac{2}{2n+1} x^{2n}$, 因为

$$\int_0^x S_1(t) dt = \sum_{n=0}^{\infty} \int_0^x (2n+1) t^{2n} dt = \sum_{n=0}^{\infty} x^{2n+1} = \frac{x}{1-x^2} \ (|x|<1),$$

所以 $S_1(x) = \left(\dfrac{x}{1-x^2} \right)' = \dfrac{1+x^2}{(1-x^2)^2} \ (|x|<1);$

因为 $xS_2(x) = \sum\limits_{n=0}^{\infty} \dfrac{2}{2n+1} x^{2n+1}$，所以

$$[xS_2(x)]' = \sum_{n=0}^{\infty} 2x^{2n} = 2\sum_{n=0}^{\infty} x^{2n} = 2 \cdot \dfrac{1}{1-x^2} \quad (|x|<1),$$

所以 $\int_0^x [tS_2(t)]' \mathrm{d}t = \int_0^x 2 \cdot \dfrac{1}{1-t^2} \mathrm{d}t = \int_0^x \left(\dfrac{1}{1+t} + \dfrac{1}{1-t} \right) \mathrm{d}t = \ln\left|\dfrac{1+x}{1-x}\right| \quad (|x|<1)$,

即 $xS_2(x)\Big|_0^x = \ln\left|\dfrac{1+x}{1-x}\right|$，故 $xS_2(x) = \ln\left|\dfrac{1+x}{1-x}\right|$.

当 $x \ne 0$ 时，$S_2(x) = \dfrac{1}{x} \ln\left|\dfrac{1+x}{1-x}\right|$；当 $x=0$ 时，$S_1(0)=1, S_2(0)=2$. 所以

$$S(x) = S_1(x) + S_2(x) = \begin{cases} \dfrac{1+x^2}{(1-x^2)^2} + \dfrac{1}{x} \ln\left|\dfrac{1+x}{1-x}\right|, & x \in (-1,0) \cup (0,1), \\ 3, & x=0. \end{cases}$$

15．（Ⅰ）证明 由题意得

$$S'(x) = \sum_{n=1}^{\infty} n a_n x^{n-1}, \quad S''(x) = \sum_{n=2}^{\infty} n(n-1) a_n x^{n-2} = \sum_{n=0}^{\infty} (n+1)(n+2) a_{n+2} x^n,$$

因为 $n(n-1)a_n - a_{n-2} = 0, n \geqslant 2$，所以 $(n+2)(n+1)a_{n+2} - a_n = 0 (n \geqslant 0)$,

故
$$S''(x) - S(x) = 0.$$

（Ⅱ）**解** $S''(x) - S(x) = 0$ 为二阶常系数齐次线性微分方程，其特征方程为 $\lambda^2 - 1 = 0$，从而 $\lambda = \pm 1$，于是

$$S(x) = C_1 \mathrm{e}^{-x} + C_2 \mathrm{e}^x,$$

由 $S(0) = a_0 = 3, S'(0) = a_1 = 1$，得

$$\begin{cases} C_1 + C_2 = 3, \\ -C_1 + C_2 = 1, \end{cases} \Rightarrow C_1 = 1, \quad C_2 = 2,$$

所以 $S(x) = \mathrm{e}^{-x} + 2\mathrm{e}^x$.

16．解 先求驻点，令

$$\begin{cases} f'_x = \left(x^2 + y + \dfrac{1}{3} x^3 \right) \mathrm{e}^{x+y} = 0, \\ f'_y = \left(1 + y + \dfrac{1}{3} x^3 \right) \mathrm{e}^{x+y} = 0, \end{cases} \quad \text{解得}$$

$$\begin{cases} x = -1, \\ y = -\dfrac{2}{3}, \end{cases} \quad \text{或} \quad \begin{cases} x = 1, \\ y = -\dfrac{4}{3}. \end{cases}$$

为了判断这两个驻点是否为极值点，求二阶导数

$$\begin{cases} f''_{xx} = \left(2x + 2x^2 + y + \dfrac{1}{3} x^3 \right) \mathrm{e}^{x+y}, \\ f''_{xy} = \left(x^2 + 1 + y + \dfrac{1}{3} x^3 \right) \mathrm{e}^{x+y}, \\ f''_{yy} = \left(2 + y + \dfrac{1}{3} x^3 \right) \mathrm{e}^{x+y}, \end{cases}$$

在点 $\left(-1,-\dfrac{2}{3}\right)$ 处,有

$A = f''_{xx}\left(-1,-\dfrac{2}{3}\right) = -e^{-\frac{5}{3}}$, $B = f''_{xy}\left(-1,-\dfrac{2}{3}\right) = e^{-\frac{5}{3}}$, $C = f''_{yy}\left(-1,-\dfrac{2}{3}\right) = e^{-\frac{5}{3}}$,

因为 $A < 0, AC - B^2 < 0$,所以 $\left(-1,-\dfrac{2}{3}\right)$ 不是极值点.

类似地,在点 $\left(1,-\dfrac{4}{3}\right)$ 处,有

$A = f''_{xx}\left(1,-\dfrac{4}{3}\right) = 3e^{-\frac{1}{3}}$, $B = f''_{xy}\left(1,-\dfrac{4}{3}\right) = e^{-\frac{1}{3}}$, $C = f''_{yy}\left(1,-\dfrac{4}{3}\right) = e^{-\frac{1}{3}}$,

因为 $A > 0, AC - B^2 = 2e^{-\frac{2}{3}} > 0$,所以 $\left(1,-\dfrac{4}{3}\right)$ 是极小值点,极小值为 $f\left(1,-\dfrac{4}{3}\right) = \left(-\dfrac{4}{3} + \dfrac{1}{3}\right)e^{-\frac{1}{3}} = -e^{-\frac{1}{3}}$.

17. 解 （Ⅰ）$AB = (-1, 1, 1)$,所以直线 L 的方程为
$$\dfrac{x-1}{-1} = \dfrac{y}{1} = \dfrac{z}{1}.$$

任取一点 $M(x, y, z) \in \Sigma$,它对应于 L 上的点 $M_0(x_0, y_0, z)$,则
$$x^2 + y^2 = x_0^2 + y_0^2.$$

由 $\begin{cases} x_0 = 1-z, \\ y_0 = z \end{cases}$ 得 $\Sigma: x^2 + y^2 = (1-z)^2 + z^2$,即 $\Sigma: x^2 + y^2 = 2z^2 - 2z + 1$.

（Ⅱ）显然 $\bar{x} = 0, \bar{y} = 0, \bar{z} = \dfrac{\iiint\limits_{\Omega} z\,dv}{\iiint\limits_{\Omega} dv}$,

$$\iiint\limits_{\Omega} dv = \int_0^2 dz \iint\limits_{x^2+y^2 \leqslant 2z^2-2z+1} dx\,dy = \pi \int_0^2 (2z^2 - 2z + 1)\,dz$$
$$= \pi\left(\dfrac{16}{3} - 4 + 2\right) = \dfrac{10}{3}\pi,$$

$$\iiint\limits_{\Omega} z\,dv = \int_0^2 z\,dz \iint\limits_{x^2+y^2 \leqslant 2z^2-2z+1} dx\,dy = \pi \int_0^2 (2z^3 - 2z^2 + z)\,dz$$
$$= \pi\left(8 - \dfrac{16}{3} + 2\right) = \dfrac{14}{3}\pi,$$

所以 $\bar{z} = \dfrac{7}{5}$,因此重心坐标为 $\left(0, 0, \dfrac{7}{5}\right)$.

18. 解 设 $u = e^x \cos y$,则 $z = f(u) = f(e^x \cos y)$,于是

$\dfrac{\partial z}{\partial x} = f'(u)e^x \cos y$, $\dfrac{\partial^2 z}{\partial x^2} = f''(u)e^{2x}\cos^2 y + f'(u)e^x \cos y$,

$\dfrac{\partial z}{\partial y} = -f'(u)e^x \sin y$, $\dfrac{\partial^2 z}{\partial y^2} = f''(u)e^{2x}\sin^2 y - f'(u)e^x \cos y$,

$\dfrac{\partial^2 z}{\partial x^2} + \dfrac{\partial^2 z}{\partial y^2} = f''(u)e^{2x} = f''(e^x \cos y)e^{2x}$.

由条件 $\dfrac{\partial^2 z}{\partial x^2}+\dfrac{\partial^2 z}{\partial y^2}=(4z+\mathrm{e}^x\cos y)\mathrm{e}^{2x}$,可知 $f''(u)=4f(u)+u$,这是一个二阶常系数非齐次线性方程.对应齐次方程的通解为
$$f(u)=C_1\mathrm{e}^{2u}+C_2\mathrm{e}^{-2u},\quad \text{其中}\ C_1,C_2\ \text{为任意常数}.$$
对应非齐次方程特解可求得为 $y^*=-\dfrac{1}{4}u$.故非齐次方程通解为 $f(u)=C_1\mathrm{e}^{2u}+C_2\mathrm{e}^{-2u}-\dfrac{1}{4}u$.

将初始条件 $f(0)=0,f'(0)=0$ 代入,可得 $C_1=\dfrac{1}{16},C_2=-\dfrac{1}{16}$.所以 $f(u)$ 的表达式为
$$f(u)=\frac{1}{16}\mathrm{e}^{2u}-\frac{1}{16}\mathrm{e}^{-2u}-\frac{1}{4}u.$$

19. 解 设 $\Sigma_1:\begin{cases}z=1,\\ x^2+y^2\leqslant 1\end{cases}$ 取下侧,记由 Σ,Σ_1 所围立体为 Ω,则高斯公式可得

$$\iint\limits_{\Sigma+\Sigma_1}(x-1)^3\mathrm{d}y\mathrm{d}z+(y-1)^3\mathrm{d}z\mathrm{d}x+(z-1)\mathrm{d}x\mathrm{d}y=-\iiint\limits_{\Omega}(3(x-1)^2+3(y-1)^2+1)\mathrm{d}x\mathrm{d}y\mathrm{d}z$$

$$=-\iiint\limits_{\Omega}(3x^2+3y^2+7-6x-6y)\mathrm{d}x\mathrm{d}y\mathrm{d}z$$

$$=-\iiint\limits_{\Omega}(3x^2+3y^2+7)\mathrm{d}x\mathrm{d}y\mathrm{d}z$$

$$=-\int_0^{2\pi}\mathrm{d}\theta\int_0^1 r\mathrm{d}r\int_{r^2}^1(3r^2+7)\mathrm{d}z=-4\pi.$$

在 $\Sigma_1:\begin{cases}z=1,\\ x^2+y^2\leqslant 1\end{cases}$ 取下侧上,有

$$\iint\limits_{\Sigma_1}(x-1)^3\mathrm{d}y\mathrm{d}z+(y-1)^3\mathrm{d}z\mathrm{d}x+(z-1)\mathrm{d}x\mathrm{d}y=\iint\limits_{\Sigma_1}(1-1)\mathrm{d}x\mathrm{d}y=0,$$

所以 $\iint\limits_{\Sigma}(x-1)^3\mathrm{d}y\mathrm{d}z+(y-1)^3\mathrm{d}z\mathrm{d}x+(z-1)\mathrm{d}x\mathrm{d}y$

$$=\iint\limits_{\Sigma+\Sigma_1}(x-1)^3\mathrm{d}y\mathrm{d}z+(y-1)^3\mathrm{d}z\mathrm{d}x+(z-1)\mathrm{d}x\mathrm{d}y=-4\pi.$$

20. 证明 （Ⅰ）**方法 1** 由 $\cos a_n-a_n=\cos b_n$,及 $0<a_n<\dfrac{\pi}{2},0<b_n<\dfrac{\pi}{2}$ 可得
$$0<a_n=\cos a_n-\cos b_n<\frac{\pi}{2},\quad \text{所以}\ 0<a_n<b_n<\frac{\pi}{2}.$$

由于级数 $\sum\limits_{n=1}^{\infty}b_n$ 收敛,所以级数 $\sum\limits_{n=1}^{\infty}a_n$ 也收敛.由收敛的必要条件可得 $\lim\limits_{n\to\infty}a_n=0$.

方法 2 由 $\sum\limits_{n=1}^{\infty}b_n$ 收敛得 $\lim\limits_{n\to\infty}b_n=0$.令 $\lim\limits_{n\to\infty}a_n=a$,等式 $\cos a_n-a_n=\cos b_n$ 两边取极限得 $\cos a-a=1$.令 $\varphi(x)=1-\cos x+x,\varphi(0)=0$,因为 $\varphi'(x)=\sin x+1\geqslant 0$,所以 $\varphi(x)$ 单

调增加,由 $\varphi(x)=0$ 得 $x=0$,故 $\lim\limits_{n\to\infty}a_n=a=0$.

（Ⅱ）由于 $0<a_n<\dfrac{\pi}{2}$, $0<b_n<\dfrac{\pi}{2}$,所以

$$\sin\dfrac{a_n+b_n}{2}\leqslant\dfrac{a_n+b_n}{2},\quad \sin\dfrac{b_n-a_n}{2}\leqslant\dfrac{b_n-a_n}{2},$$

$$\dfrac{a_n}{b_n}=\dfrac{\cos a_n-\cos b_n}{b_n}=\dfrac{2\sin\dfrac{a_n+b_n}{2}\sin\dfrac{b_n-a_n}{2}}{b_n}\leqslant\dfrac{2\dfrac{a_n+b_n}{2}\dfrac{b_n-a_n}{2}}{b_n}$$

$$=\dfrac{b_n^2-a_n^2}{2b_n}<\dfrac{b_n^2}{2b_n}=\dfrac{b_n}{2},$$

由于级数 $\sum\limits_{n=1}^{\infty}b_n$ 收敛,由正项级数的比较审敛法可知级数 $\sum\limits_{n=1}^{\infty}\dfrac{a_n}{b_n}$ 收敛.